管理栄養士の基礎化学

吉田真美　齋藤昌義　共著

アイ・ケイ コーポレーション

刊行にあたって

　本書の刊行の目的は，高校の化学と管理栄養士専門科目の間のつなぎの役割をすることである。

　平成12年の栄養士法改正後，全国に管理栄養士養成課程が新設あるいは短大からの改組により増加した。それにともない，そこで学ぶ学生数も急増した。著者らの大学もその一つである。

　新入生を迎えて顕著になった問題は，学生の化学の基礎学力不足である。高校時代に化学を充分に履修してきた学生もいるが，多くの学生は生物か化学かの選択において生物を選択しており，管理栄養士養成課程で学ぶための化学の知識が不足している。

　学生にとって，主に1年の後期から開始される管理栄養士専門科目の授業の前に，その土台となる化学の基礎知識の習得が必要であると考えている。例えば，「グルコースの代謝」を勉強するためには，$C_6H_{12}O_6$という分子式を理解していることが前提である。「酵素の働き」を勉強するためにはpHや熱エネルギーを理解していなければならない。

　しかし，専門科目の限られた時間内で，これらの基礎知識のために割く時間はほとんどとれないのが現状である。

　そこで著者らの大学では，1年前期に，高校の化学と物理，さらに一部生物の中から管理栄養士専門科目の勉強に必要な項目を選び，また必要に応じて新たに追加して「基礎化学」が学習できるようにした。

　しかしながら，これらの目的に合致した適切な教科書が見当たらないため，新たに執筆することとしたものである。本のタイトルに"基礎化学"という言葉が入っているが，純粋な化学書ではなく，人体との関わり，栄養素，食品の化学や物性，調理における物理・化学的現象などの，栄養士が実際に出合うであろう様々なことがらを考え，科学的に解説したものである。

　本書が，管理栄養士課程で学ぶ学生の勉強の導入部としてだけでなく，高学年時や，社会人になっても，必要に応じて化学の知識を再確認するための役に立てれば幸いである。

　2023年2月

吉田　真美

齋藤　昌義

目　　次

第Ⅰ編　物質の構成

（吉田真美）

第Ⅱ編　物質の状態と変化

第Ⅲ編　無機物質

（齋藤昌義）

第Ⅳ編　有機化合物と水

（吉田真美）

第Ⅰ編
物質の構成

1章　生体の構造と機能，個体から原子まで

一人の人間は独立した心と体をもち，栄養を摂取し，生命活動や生活活動を行っている。体の各部位はそれぞれ異なった役割をもち，どれ一つ欠けても生活に不便をきたしたり，生命の維持が困難になることもある。

しかしながら，もともとは，私たちの体の形成は1個の卵細胞の受精からはじまる。受精卵が分割を繰り返して増殖している間に，分化とよばれる特定の役割をもった細胞群が形成されて組織となる。

組織が組み合わさってある特定の生理機能をもった器官が形成され，さらにその生理機能に合致した一連の器官が統合配置されて器官系が形成される。異なる機能を有する器官系が統合されて，個体の維持が可能な一人の人間が形成される。すなわち，人体の構造は多くの細胞の単なる集合体ではなく，細胞が階層構造になって構成され，生体としての機能を果たしている（図Ⅰ-1-1）。

60兆個といわれる細胞を構成している物質は，水と，タンパク質，糖質，核酸などの高分子化合物や脂質などの大きな分子が大半である。これらを構成している基本物質は，それぞれアミノ酸，単糖類，ヌクレオチド，脂肪酸などの低分子化合物である。

● iPS 細胞研究による山中教授のノーベル賞受賞

2012年，山中伸弥京都大学教授はノーベル生理学・医学賞を受賞した。

受賞理由は，「成熟細胞が初期化され多能性を持つことを発見した」ことによる。

すなわち，マウスの細胞や人間の皮膚細胞を使って研究を行い，分化が進んだ細胞（例えば，皮膚細胞）からでも，逆戻りして分化が進む前に近い細胞〔人工多能性幹細胞 induced pluripotent stem cell（iPS 細胞）〕を生成することができることを実証した。

この発見により，近い将来，体の一部を失ったり，機能を失った人が，自分の細胞を使って，失った部分を再生することが可能になる再生医療の飛躍的な発展が期待されている。

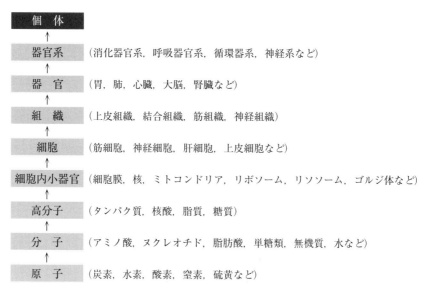

個　体	
器官系	（消化器官系，呼吸器官系，循環器系，神経系など）
器　官	（胃，肺，心臓，大脳，腎臓など）
組　織	（上皮組織，結合組織，筋組織，神経組織）
細胞	（筋細胞，神経細胞，肝細胞，上皮細胞など）
細胞内小器官	（細胞膜，核，ミトコンドリア，リボソーム，リソソーム，ゴルジ体など）
高分子	（タンパク質，核酸，脂質，糖質）
分　子	（アミノ酸，ヌクレオチド，脂肪酸，単糖類，無機質，水など）
原　子	（炭素，水素，酸素，窒素，硫黄など）

図Ⅰ-1-1　人体を構成する階層構造

さらにこれらの分子を構成しているのは原子である。水素（H），酸素（O），炭素（C），窒素（N）などが人体の構成元素の大半をしめるが，このほかに少量でも重要な役割を果たす金属元素などが人体には27種類存在する。

1 器官系を構成する器官

人の体は多数の器官からなる。器官を生理機能別にグループ分けしたものを器官系という。器官系は呼吸器，循環器，消化器，泌尿器，脳・神経系，内分泌器，筋・骨格器，感覚器，生殖器，外皮系，リンパ性器官に分類される。それぞれの器官系に属する器官は役割が分担されており，その機能を総合して1人の人間の生理機能を果たしている。これらを表I-1-1にまとめた。

表I-1-1　器官系の働きとそれに属する主な器官

器官系	働き	主な器官
呼吸器	酸素と二酸化炭素の交換	鼻腔，気管，肺
循環器	血液とリンパ液の循環	心臓，血管，リンパ管
消化器	食べ物の消化と吸収	食道，胃，十二指腸，空腸，回腸，大腸，肝臓，膵臓
泌尿器	老廃物と水の排出	腎臓，尿管，膀胱，尿道
脳・神経系	刺激の伝達と調節	大脳，小脳，間脳，延髄，脊髄，抹梢神経
内分泌器	ホルモンの合成と分泌	視床下部，脳下垂体，甲状腺，膵臓，副腎
筋・骨格器	体の保持，運動	骨，骨格筋，じん帯
感覚器	外部からの刺激の受容	目，鼻，口，耳，皮膚
生殖器	生殖	卵巣，子宮，精巣，睾丸
外皮系	体の保護	皮膚，毛，爪
リンパ性器官	生体防御	リンパ節，脾臓，胸腺

2 器官を構成する組織

器官を構成しているのは組織である（表I-1-2）。組織は，細胞とその間を満たす細胞間質から成る。組織は上皮組織，結

表I-1-2　器官をつくる組織と役割

組織	分布と役割
上皮組織	体の表面や体腔や器官の表面をおおって保護する
結合組織	組織間や細胞間を結合してからだを支える
筋組織	筋繊維という細長い細胞からなる。細胞質には筋原繊維があり，アクチンやミオシンタンパク質を含んで，筋収縮を行う
神経組織	神経系を構成し，刺激を伝達する

合組織（支持組織），筋組織，神経組織の4つに大別される。結合組織には，軟骨組織，骨組織，血管およびリンパ管が含まれる。

3　生命の基本単位としての細胞

　人を構成している細胞数は，成人では約60兆個と考えられている。

　細胞の種類によっては分化の過程で失われる部分もあるが，1人の人間の細胞はもともと1個の細胞に由来しているため，基本的にはどれも同じである。

　1個の細胞の中には自己維持能力や自己増殖能力など生命維持に必要な物質がそろっており能力を発揮している。そのため，細胞が生命現象の中心であり，生命の基本単位となっている（図I-1-2）。

　内部に核を明確に持つ細胞を真核細胞といい，不明確なものを原核細胞という。私たち人間は真核細胞からなる。細胞の直径は20～30 μm で，人間の手に生えている産毛の直径に近い。

　1個の細胞は細胞膜と細胞質と細胞核からなる。これらを構成している主な物質は，タンパク質，脂質，糖タンパク質，核酸などの高分子化合物である。細胞は常に合成と分解，すなわち新陳代謝を繰り返しており，これらの代謝を継続するためにも，動物は食餌からその原料を摂取し続けなくてはならない。

●植物細胞と動物細胞

　植物細胞は細胞壁と細胞膜に包まれており，細胞内に葉緑体や液胞が存在する。葉緑体では光合成がおこなわれ，光エネルギーを利用して水と二酸化炭素から，糖類と酸素を合成する（＝光エネルギーを化学エネルギーに変換する）。動物細胞は，細胞膜のみで細胞壁はなく，葉緑体も存在しない。

●原核細胞

　原核細胞の DNA は，核膜に包まれることなく裸の状態で存在している。ミトコンドリアなどの細胞内小器官もない。バクテリア（細菌）がこれに属する。

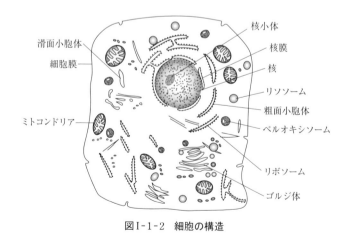

図I-1-2　細胞の構造

核小体
核膜
核
リソソーム
粗面小胞体
ペルオキシソーム
リボソーム
ゴルジ体
滑面小胞体
細胞膜
ミトコンドリア

（1）　細胞膜

　細胞膜は主としてリン脂質の二重層からなり，その間にタ

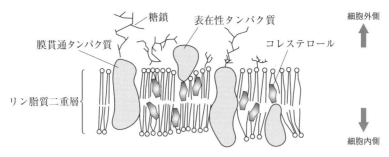

図I-1-3　生体膜の模式図

ンパク質やコレステロールが存在している。細胞膜は単に細胞内外の境界の役目だけでなく，物質の輸送，情報伝達，細胞間の応答・連絡など重要な機能を果たしている。

(2)　細胞質

　主な生化学反応の場である。細胞質の中には，目的に応じて多種類の小器官が存在し，おのおのの役目を果たしている。小器官としてミトコンドリア，粗面小胞体，滑面小胞体，ゴルジ体，リソソームなどがある。

　主な小器官名とその働きを表I-1-3にまとめた。

表I-1-3　細胞内小器官の種類と働き

小器官名	働き
ミトコンドリア	外膜と内膜に囲まれており，エネルギー産生を行う
ゴルジ体	生成されたタンパク質に糖鎖を修飾する
滑面小胞体	管腔状で，細胞内の輸送路。脂質合成，Ca^{2+} の取り込みと放出などを行う
粗面小胞体 (含リボソーム)	小胞体機能および，表面に結合したリボソームでタンパク質合成を行う
リソソーム	多種類の加水分解酵素を有し，不要物の分解を行う
ペルオキシソーム	過酸化物の生産と利用

(3)　細胞核

　核には，人体の設計図に相当する遺伝情報が書き込まれているデオキシリボ核酸(DNA)が存在する。細胞分裂の際にはDNAの複製を伴うため，同じDNAをもつ新たな細胞が生まれる。さらに核小体ではリボソームリボ核酸(rRNA)の合成とリボソームの組み立てが行れる。

● DNA

　30億塩基対という膨大な数の2本のポリヌクレオチド鎖からなる。この長い鎖が，核にある22対の常染色体と1対の性染色体上に分かれて，折り畳まれて存在している。全部を並べたとするとDNAの長さは約1.7 mにもなる。

4　高分子化合物と水

　人体を構成する最も多い物質は水であり，性差や個人差は
あるが，成人では体重のおおよそ60%をしめる（表I-1-4）。

●人体の水分量
　体内の水分量は，年代や性によっ
て変化する。おおよそ，新生児は80%，
幼児は60%，50歳女性は40%とな
り，年齢が進むにつれ減少する。

表I-1-4　人体の構成物質と構成原子

構成物質	男	女	構成原子
水	61	51	H, O
タンパク質	17	14	C, H, O, N, S
脂　　質	16	30	C, H, O
糖　　質	0.5	0.5	C, H, O
ミネラル，その他	5.5	4.5	Ca, P, Na, Cl など

　次いで高分子化合物であるタンパク質と脂質が残りの多く
をしめる。

　糖質は毎日の食事で最も多く摂取されるが，体内に多くは
とどまらず，エネルギー生成に利用されることが多い。貯蔵
される場合は，細胞内で多糖類または脂肪の形態をとる。

　核酸はDNAやRNAとして存在する高分子化合物である。
核酸の基本単位はヌクレオチドである。DNAは30億対と
いう膨大な数のヌクレオチドにより構成されている。RNA
もヌクレオチドを基本単位としており，機能によりmRNA，
rRNA，tRNAに分類され，連動してタンパク質合成の役目
を果たしている。

　タンパク質，脂質，糖質，核酸はいずれも炭素原子を含む
有機化合物である。

●糖質の摂取量
　日本人の1日の糖質摂取量は，摂
取エネルギー全体の約50～65%が
基準とされている（2020年版，日本
人の食事摂取基準）。

●ジャンクDNA
　DNAを形成する30億対のポリヌ
クレオチド鎖の多くの部分は，タン
パク質の設計図としての役割がな
く，存在理由が不明であるため（ジャ
ンク＝がらくた）DNAとよばれてき
た。しかし，最近はその働きが少し
ずつ解明されつつある。

5　低分子化合物

　タンパク質，核酸，多糖類などの高分子化合物は，低分子
化合物を基本単位として構成されている（表I-1-5）。タンパ
ク質の基本単位は低分子化合物のアミノ酸である。20種類
のアミノ酸が，設計図であるDNAに従って直鎖状に結合し
て，数万から数十万の分子量の高分子化合物であるタンパク

●タンパク質の形成
　アミノ酸のアミノ基と隣のアミノ
酸のカルボキシ基が脱水して結合し
たものをペプチド結合という。この
結合が繰り返されてタンパク質が形
成される。

表I-1-5　高分子化合物を構成する低分子化合物

高分子化合物	結合法	低分子化合物
タンパク質	ペプチド結合	アミノ酸
脂　　質	エステル結合	脂肪酸，アルコール
糖　　質	グリコシド結合	単糖類
核　　酸	フォスフォジエステル結合	ヌクレオチド

質を形成している。

　脂質は脂肪酸を基本物質としてこれにグリセロール，コレステロールなどのアルコールやリン酸が結合したものが多い。

　多糖類の基本単位は単糖類であり，その一つであるグルコースは生命維持のために最も重要な低分子化合物である。各細胞はグルコースを取り込んで，これを代謝してエネルギー生成を行い，生命活動源として利用している。

6　低分子を構成する主要原子とミネラル

　原子は物質を構成する基本的な粒子である。1個の独立の粒子として行動する原子の結合体を分子という。1個の原子でも化学的に不活性で独立の粒子として行動する場合(貴ガス)は分子である。

　低分子化合物のアミノ酸を構成する原子は，炭素，水素，酸素，窒素であり，アミノ酸の種類によっては硫黄が含まれる。脂質を構成する原子は，炭素，水素，酸素である。糖質も同様である。核酸は炭素，水素，酸素，リン，窒素からなる。

　すなわち，人体を構成するこれらの有機物のほとんどは炭素，水素，酸素，窒素などの原子からなっている。このほかに，水分を構成する水素と酸素の量を加えると，4種類の主要原子で人体の約96％をしめている。

　残りは少量ではあるが，生体にとって重要な機能を有する主要ミネラル7種や微量元素(ミクロミネラル)20種など，計27種類の元素が存在する。これらも人体にとって必要不可欠な元素である。人体の構成元素一覧を表Ⅰ-1-6にまとめた。

表Ⅰ-1-6　人体を構成する元素

	元素名	元素記号	存在比(％)		元素名	元素記号	存在比(％)
主要原子	酸素	O	65	微量元素	鉄	Fe	0.004
	炭素	C	18		マンガン	Mn	0.0003
	水素	H	10		亜鉛	Zn	0.0003
	窒素	N	3		銅	Cu	0.00015
主要ミネラル	カルシウム	Ca	2.0		ヨウ素	I	0.00004
	リン	P	1.1		セレン	Se	
	カリウム	K	0.3		ケイ素	Si	
	イオウ	S	0.2		ホウ素	B	
	ナトリウム	Na	0.2		フッ素	F	
	塩素	Cl	0.1		コバルト	Co	
	マグネシウム	Mg	0.04				

　46億年前，無数の小さな惑星が合体と衝突を繰り返して原始地球は誕生した。40億年前，原始の海の中で化学反応が起こり，生命の素材となるタンパク質や核酸が生まれたが，細胞に核を持つ真核生物の登場は，その20億年後のことである。

　2億3千万年前の恐竜時代に，最古の哺乳類といわれるネズミのような動物(アデロバシレウス)が登場した。恐竜絶滅後の6200万年前頃から哺乳類の繁栄と進化が進み，700万年前に最初の猿人，240万年前に最初の原人，50万年前に旧人が登場した。

　我々の先祖であるホモ・サピエンス(新人)といわれる現生人類がアフリカで進化・誕生したのは20万年前のことである。約10万年前にホモ・サピエンスはアフリカを出て世界各地に広がった。

　地球の誕生から現在までを1年とすると，ホモ・サピエンスの誕生は，12月31日午後11時37分に相当する。

地球の歴史

46億年前 →	地球誕生
40億年 →	原始生命の誕生 タンパク質や核酸の形成
20億年 →	真核生物の誕生
2億5000万年→	恐竜の誕生
2億3000万年→	最古の哺乳類の誕生(アデロバシレウス)
1億年 →	恐竜の全盛時代
6500万年 →	恐竜の絶滅 霊長類の誕生，哺乳類の繁栄
700万年 →	猿人の誕生
240万年 →	原人(ホモ・ハビリス)の誕生
50万年 →	旧人(ネアンデルタール人など)の誕生
20万年 →	現生人類(新人＝ホモ・サピエンス)の誕生

注)年代には諸説があり，文献によっては一部異なる。また，新たな発見によって年代の変更もおこる。

2章　原子の構造とイオンの生成

1　原子とは何か

(1)　原子の構造

炭素や酸素や水素などのすべての原子は、さらに小さい粒子で構成されている。原子は、1個の原子核と、その周囲を運動しながら存在している電子からなる。原子核は、さらに陽子と中性子とからなる。

 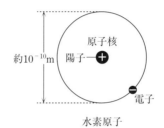 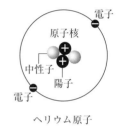

水素原子　　　　　　　　ヘリウム原子

図I-2-1　水素原子とヘリウム原子

電子は負の電荷をもち、陽子は正の電荷をもつが、中性子は電荷をもたない。各原子の陽子数と電子数は同じであるため、原子全体としては電気的に中性となっている。

表I-2-1　原子を構成する粒子

素粒子	質量(g)	電荷(C)	質量比 (陽子1)	電荷の比 (陽子+1)
陽　子　⊕	1.673×10^{-24}	$+1.602 \times 10^{-19}$	1	$+1$
中性子　●	1.675×10^{-24}	0	1	0
電　子　⊖	9.109×10^{-28}	-1.602×10^{-19}	1/1840	-1

1C(クーロン)：1Aの電流で1秒間に運ばれる電気量

(2)　原子量

原子核に存在する陽子数は原子の種類によって異なる。陽子数は各原子に固有の数であり、その数をその原子の原子番号という。電子数も同じである。

中性子数は、陽子数と同じであることが多いが、異なる場合もある。このように陽子数が同じで中性子数が異なる原子を互いに同位体であるという。

最も小さい原子はHであり、陽子を1個、電子を1個も

●同位体の例

〔水素〕水素の原子核は陽子1個のみで中性子はない。それに対して重水素は陽子1個、中性子1個からなる。

〔炭素〕炭素の98.9％は、陽子6個、中性子6個からなる。残りの1.1％は、陽子6個、中性子7個からなる。

陽子6個、中性子8個からなる炭素もあるが微量である。

ち，原子番号は1である。大半の水素原子は中性子をもたないが，1個もつものを重水素という。

Cの場合，陽子数，電子数，原子番号はいずれも6であり，中性子数も6であることが多いが，7である場合も1.1%みられる。

陽子の重量と中性子の重量はほぼ等しいが，電子の重量はその0.05%にすぎず，無視できるほど小さい。ゆえに各原子の陽子数と中性子数の和を，それぞれの原子の質量数とする。しかし，いずれにしても非常に小さな数であるため，その数字を使用するのは不便である。そのため「炭素原子^{12}C 1個の相対質量を12とする」と定めて，各原子の相対質量を表している。これらの表示法を図I-2-2に記した。

この数字に，おのおのの原子に存在する同位体の質量数とその存在比を考慮して平均値を算出したものを，各原子の原子量という。ゆえに原子量は整数にならないことが多い。

(3) 電子配置

原子核のまわりの電子は電子殻とよばれるいくつかの軌道に分かれて存在しており，原子核を中心にしてその周囲を運動している。電子殻は原子核に近い内側から順に，K殻，L殻，M殻，N殻……とよぶ。

電子殻が収容できる電子の数は決まっており，K殻は2個，L殻は8個，M殻は18(8)個，N殻は32個収容できる。収容法は，エネルギーが低く安定している内側の電子殻から順に入る。例えば，Cの場合，電子数は6であるので，K殻に2個，L殻に4個入る。Naの場合，電子数は11であるので，K殻に2個，L殻に8個，M殻に1個入る。このような電子の配列のしかたを電子配置という(図I-2-3)。

各原子において，最も外側の電子殻(最外殻)に存在する電子のことを最外殻電子といい，原子がイオンになるときや，他の原子と結合するときに重要な役割をはたす。最外殻電子数が1～7個の場合にはこれを価電子という。8個(Heの場合は2個)の場合は電子配置が安定で他の原子と結合しにくいため，価電子は0とする。価電子の数が等しい原子同士は，互いによく似た化学的な性質を示す。

Hの価電子数は1個，Cは4個，Nは5個，Oは6個である。

図I-2-2　原子の表示法

●原子量の計算法

〔炭素の場合〕12(質量数：陽子6+中性子6)×0.989(^{12}Cの存在比)+13(質量数：陽子6+中性子7)×0.011(^{13}Cの存在比)=12.01

〔塩素の場合〕35(質量数：陽子17+中性子18)×0.7577(^{35}Clの存在比)+37(質量数：陽子17+中性子20)×0.2423(^{37}Clの存在比)=35.45

●M殻の電子配置が18(8)とは？

M殻は18個の電子の収容が可能である。しかし，M殻に8個入った後，9,10個目の2つの電子は，エネルギー順位の低い外側のN殻(の4s軌道)に先に入る。11番目以降の電子はM殻(の3d軌道)にもどって順次入る。

例えば，電子を26個もつFeの場合，K殻2個，L殻8個，M殻14個，N殻2個の電子配置となる。

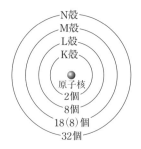

図I-2-3　電子殻と電子配置

価電子の数	1	2	3	4	5	6	7	0
電子配置 / 電子式	H・ 水素	（K殻・L殻・M殻の説明）	電子配置　電子配置は，電子番号1～18の原子をボーアモデルで表す。					He: ヘリウム
		⊕ 原子核がもつ 正の電気量 ⊖ 電子	電子式　最も外側の電子殻に入っている電子（最外殻電子）を，元素記号のまわりに記号・で表した式。　例：Na・				
K殻	1							2
L殻	—							
M殻	—							
電子配置 / 電子式	Li・ リチウム	・Be・ ベリリウム	・B・ ホウ素	・C・ 炭素	・N・ 窒素	・O・ 酸素	・F・ フッ素	・Ne・ ネオン
K殻	2	2	2	2	2	2	2	2
L殻	1	2	3	4	5	6	7	8
M殻	—	—	—	—	—	—	—	—
電子配置 / 電子式	Na・ ナトリウム	・Mg・ マグネシウム	・Al・ アルミニウム	・Si・ ケイ素	・P・ リン	・S・ 硫黄	・Cl・ 塩素	・Ar・ アルゴン
K殻	2	2	2	2	2	2	2	2
L殻	8	8	8	8	8	8	8	8
M殻	1	2	3	4	5	6	7	8

図I-2-4　原子の電子配置

2　元素の周期表

　元素を原子番号順に並べていくと，価電子の数や化学的性質が周期的に変化する。このように元素の性質が周期的に変化することを元素の周期律という。価電子数や性質が同じ縦の列にくるように元素を配列した表を周期表という。

　周期表の横の行を周期といい，第1周期から第7周期まである。縦の列を族といい，1族から18族まである（表I-2-2）。

表I-2-2　元素の周期表（巻末にも記載）

族／周期	1	2	3	4	5	6	7	8	9	10	11	12	13	14	15	16	17	18
1	1H																	2He
2	3Li	4Be											5B	6C	7N	8O	9F	10Ne
3	11Na	12Mg											13Al	14Si	15P	16S	17Cl	18Ar
4	19K	20Ca	21Sc	22Ti	23V	24Cr	25Mn	26Fe	27Co	28Ni	29Cu	30Zn	31Ga	32Ge	33As	34Se	35Br	36Kr
5	37Rb	38Sr	39Y	40Zr	41Nb	42Mo	43Tc	44Ru	45Rh	46Pd	47Ag	48Cd	49In	50Sn	51Sb	52Te	53I	54Xe
6	55Cs	56Ba	ランタノイド 57~71	72Hf	73Ta	74W	75Re	76Os	77Ir	78Pt	79Au	80Hg	81Tl	82Pb	83Bi	84Po	85At	86Rn
7	87Fr	88Ra	アクチノイド 89~103	104Rf	105Db	106Sg	107Bh	108Hs	109Mt	110Ds	111Rg							

□ 典型元素　　■ 金属元素
▨ 遷移元素　　太線の外側 非金属元素

ハロゲン　　貴ガス
アルカリ土類金属（Be, Mgを除く）
アルカリ金属（Hを除く）

（1） 典型元素と遷移元素

周期表の両側の1, 2族と12〜18族の元素を典型元素といい, その間の3〜11族を遷移元素という。

典型元素のうち, 同族のものは価電子数が等しいためよく似た性質を示す。例えば, 1族の元素は保持する1個の価電子を失って陽イオンになりやすく, 7個の価電子を保持する17族の元素は, 1個の電子を得て陰イオンになりやすい。

● 遷移元素の最外殻電子数

第4周期および第5周期上の遷移元素の最外殻電子数（価電子数）は, エネルギー順位の影響で, 族番号にかかわらず, 1または2となる（Pd以外）。

表 I-2-3　第4周期と第5周期上の元素の電子配列

原子番号	元素名	周期	典型元素または遷移元素	族	電子軌道と電子数												
					K殻	L殻	M殻			N殻				O殻			
					1s	2s+2p	3s	3p	3d	4s	4p	4d	4f	5s	54p	5d	5f
19	K	4	典型元素	1	2	8	2	6		**1**							
20	Ca	4	典型元素	2	2	8	2	6		**2**							
21	Sc	4	遷移元素	3	2	8	2	6	1	**2**							
22	Ti	4	遷移元素	4	2	8	2	6	2	**2**							
23	V	4	遷移元素	5	2	8	2	6	3	**2**							
24	Cr	4	遷移元素	6	2	8	2	6	5	**1**							
25	Mn	4	遷移元素	7	2	8	2	6	5	**2**							
26	Fe	4	遷移元素	8	2	8	2	6	6	**2**							
27	Co	4	遷移元素	9	2	8	2	6	7	**2**							
28	Ni	4	遷移元素	10	2	8	2	6	8	**2**							
29	Cu	4	遷移元素	11	2	8	2	6	10	**1**							
30	Zn	4	典型元素	12	2	8	2	6	10	2							
31	Ga	4	典型元素	13	2	8	2	6	10	2	1						
32	Ge	4	典型元素	14	2	8	2	6	10	2	2						
33	As	4	典型元素	15	2	8	2	6	10	2	3						
34	Se	4	典型元素	16	2	8	2	6	10	2	4						
35	Br	4	典型元素	17	2	8	2	6	10	2	5						
36	Kr	4	典型元素	18	2	8	2	6	10	2	6						
37	Rb	5	典型元素	1	2	8	2	6	10	2	6			1			
38	Sr	5	典型元素	2	2	8	2	6	10	2	6			2			
39	Y	5	遷移元素	3	2	8	2	6	10	2	6	1		**2**			
40	Zr	5	遷移元素	4	2	8	2	6	10	2	6	2		**2**			
41	Nb	5	遷移元素	5	2	8	2	6	10	2	6	4		**1**			
42	Mo	5	遷移元素	6	2	8	2	6	10	2	6	5		**1**			
43	Tc	5	遷移元素	7	2	8	2	6	10	2	6	5		**2**			
44	Ru	5	遷移元素	8	2	8	2	6	10	2	6	7		**1**			
45	Rh	5	遷移元素	9	2	8	2	6	10	2	6	8		**1**			
46	Pd	5	遷移元素	10	2	8	2	6	10	2	6	10					
47	Ag	5	遷移元素	11	2	8	2	6	10	2	6	10		**1**			
48	Cd	5	典型元素	12	2	8	2	6	10	2	6	10		2			
49	In	5	典型元素	13	2	8	2	6	10	2	6	10		2	1		
50	Sn	5	典型元素	14	2	8	2	6	10	2	6	10		2	2		
51	Sb	5	典型元素	15	2	8	2	6	10	2	6	10		2	3		
52	Te	5	典型元素	16	2	8	2	6	10	2	6	10		2	4		
53	I	5	典型元素	17	2	8	2	6	10	2	6	10		2	5		
54	Xe	5	典型元素	18	2	8	2	6	10	2	6	10		2	6		

遷移元素
典型元素

s, p, d, f：それぞれの殻に存在するエネルギー準位の異なるオービタル（軌道）
エネルギー準位 s < p < d < f
太字：遷移元素の最外殻電子数

H以外の1族元素をアルカリ金属，Be，Mg以外の2族元素をアルカリ土類金属，17族元素をハロゲン，18族元素を貴ガスという。

遷移元素は典型元素とちがい，同族元素よりも，左右に隣り合った元素との化学的性質が類似していることがある。

（2）　金属元素と非金属元素

もう1つの分類法として，元素は金属元素と非金属元素に大別される。おおよそ，周期表の左下側に金属元素約90種類が位置し，右上側に非金属元素22種類が位置する。3〜11族の遷移元素はすべて金属元素に含まれる（表I-2-2）。

金属元素は，単体はすべて金属で光沢があり，電気や熱をよく通すなど，金属としての性質を示す。Na，Mg，K，Ca，Fe，Mn，Cu，Zn などはすべて人体に存在する金属元素である。一方，人体の大半をしめる水および有機化合物を構成するC，H，O，N，P，Sは非金属元素である。

3　イオンとその化合物

（1）　イオンの生成とイオン結合

原子の中で，正の電荷をもつ陽子と負の電荷をもつ電子は同数であるため，原子全体としては電気的に中性である。しかし，電子の増減がおこると中性ではなくなり，電荷をもつようになる。このような原子または原子団をイオンという。

電子は負の電荷をもつため，電子を放出した場合は陽イオンとなり，受け取った場合は陰イオンとなる。放出または受け取った電子の数をイオンの価数という。

表I-2-4　イオンの名称とイオン式の例

陽イオン	陰イオン
H^+ 水素イオン	SO_4^{2-} 硫酸イオン
Na^+ ナトリウムイオン	Cl^- 塩化物イオン
Ca^{2+} カルシウムイオン	PO_4^{3-} リン酸イオン
Mg^{2+} マグネシウムイオン	Br^- 臭化物イオン

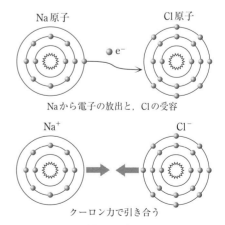

図I-2-5　イオン結合した塩化ナトリウム（NaCl）

このことを表I-2-4で示すように原子または原子団の右上の価数に＋（放出した場合），または－（受け取った場合）の記号を付して表す。これをイオン式という。

価電子の数が1〜3個の場合，原子は電子を放出して陽イオンになりやすく，価電子が6〜7個の場合，電子を受け取って陰イオンになりやすい。その結果，双方が貴ガスと同じ安定な電子配置になる。

例えば，食塩の主成分であるNaCl（塩化ナトリウム）の場合，Naは1族の元素で価電子は1個であるので，電子を放出して1価の陽イオンになり，Clは17族のハロゲンであるので，電子を1個受容して1価の陰イオンになる。その結果，Na^+とCl^-がクーロン力（静電気力）で引き合って結合する。これをイオン結合という（図I-2-5）。

元素の中でも，周期表の左下方向に位置する元素ほど陽イオンになりやすく（＝陽性が強い＝イオン化エネルギーが低い），18族の希ガスを除いた右上方向の元素ほど陰イオンになりやすい（＝陰性が強い＝電子親和力が大きい）。

● **クーロン力（静電気力）**

1785年，フランスの学者クーロンが発見した。2個の電荷の間に作用する力は，その間の距離の2乗に反比例する。2個の電荷が異符号（＋と－）の場合は引力となり，同符号の場合は斥力（引力の反対語）となる。

● **イオン化エネルギー**

中性の原子から電子1個を取り去るのに要するエネルギー

$$A \rightarrow A^+ + e^-$$

(2) 組成式

イオン結合によりできた化合物の，正の電荷と負の電荷は同じであるので電気的に中性である。陽イオン原子（原子団）と陰イオン原子（原子団）の種類と構成比を最も簡単な整数比で表したものを組成式という。

表I-2-5　組成式の例

陽イオン	陰イオン	組成式	備　考
H^+ 水素イオン	SO_4^{2-} 硫酸イオン	H_2SO_4 硫酸	H^+とSO_4^{2-}が2：1の割合で結合したもの（強酸）
Na^+ ナトリウムイオン	Cl^- 塩化物イオン	NaCl 塩化ナトリウム	Na^+とCl^-が1：1の割合で結合したもの（食塩の主成分）
Ca^{2+} カルシウムイオン	PO_4^{3-} リン酸イオン	$Ca_3(PO_4)_2$ リン酸カルシウム	Ca^{2+}とPO_4^{3-}が3：2の割合で結合したもの（骨に存在する無機質の85％をしめる化合物）

 tea break 　**元素の数はいくつあるのか**

　元素の周期表をみると元素記号に原子番号が1からふってある。この番号はいくつまであるのか。自然界には原子番号92のウランまでしか存在しない。

　しかし新たな元素は93番以降も増え続けている。なぜか？粒子を衝突させて新たな元素を人工的に作り出しているためである。新元素を作り出すためには非常に大がかりで高価な実験設備が必要となる。国際純正・応用化学連合（IUPAC）は2016年6月，新たな4つの元素の名称と元素記号案を発表した。これで元素は118となった。このうち113番目は日本が世界で初めて合成したとして命名権が与えられ，ニホニウム（Nh）とすることが発表された。

3章　化学結合

原子の結合には，金属原子と非金属原子，非金属原子どうし，金属原子どうしなどの組み合わせがあり，これらが結合するためのいくつかの結合法がある。

生体や食品を構成する化合物の結合法として，イオン結合と共有結合が代表的であり，そのほか水素結合，配位結合などもある。金属どうしの結合法として金属結合がある。

原子が結合して独立にふるまう粒子を分子という。ただし，1個の原子でも，貴ガスのような不活性の独立した粒子は分子である。また，金属結合した金属の単体には分子が存在せず，構成単位は原子である（図I-3-1）。

●原子と原子の組み合わせ例：
〔金属原子と非金属原子〕
NaCl（塩化ナトリウム）
$CaCO_3$（炭酸カルシウム）
FeO（酸化鉄）
〔非金属原子と非金属原子〕
$C_6H_{12}O_6$（グルコース）
H_2O（水）
NH_3（アンモニア）
CO_2（二酸化炭素）
〔金属原子と金属原子〕
Au（金）
Cu（銅）

1　イオン結合

2章3項（14ページ）で記したように，陽イオンと陰イオンがクーロン力（静電気力）によって結合することをイオン結合という。金属元素は陽イオンとなり，非金属元素は陰イオンとなる。イオン結合でできた結晶をイオン結晶という。

イオン結晶では，陽イオンと陰イオンが，電荷がつり合うような割合で集まっている。例えば，塩化ナトリウム（NaCl）の結晶には，ナトリウムイオン（Na^+）と塩化物イオン（Cl^-）が1：1の割合で存在している。このことを表す式 NaCl を組成式という。このように物質を形成する原子とその数を簡単な整数比で表したものを組成式という。

組成式で表される物質では，構成する原子の原子量とその構成数を合計した数を式量とよぶ。

●人体中のイオン結晶
人間の骨には，リン酸カルシウムを主として，そのほか炭酸カルシウム，リン酸マグネシウムなどのイオン結晶が構成成分として存在している。

表I-3-1　式量の計算

〔例〕塩化ナトリウム

組成式	NaCl（ナトリウムが1個，塩素が1個として表現する）
式量	58.5 = 23（Na の原子量）+ 35.5（Cl の原子量）

2　共有結合

（1）共有結合のしくみ
有機化合物の構成元素である C，H，O，N などの非金属

原子どうしの結合法として，最も多いのが共有結合である。原子が共有結合してできた独立した粒子を分子という。

　共有結合では，分子をつくるとき，複数の原子がそれぞれのもつ価電子を共有して希ガスと同様の安定な電子配置をとる。K殻ならば2個，L殻ならば8個，M殻ならば8個が安定な電子数である。電子を共有した原子間には化学結合ができ，分子が形成される。

　例えば，水素分子H_2の場合，両方の水素原子がそれぞれ価電子を1個ずつ出し合い，それらを共有する。水素分子中の水素原子は，ともにヘリウム原子Heと同じ安定な電子配置となる。共有結合の最小分子例である（図I-3-1）。

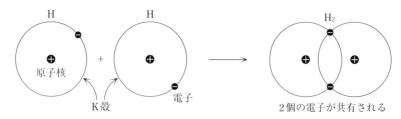

図I-3-1　共有結合による水素分子の生成

　水分子H_2Oの場合は，H原子は1個，O原子は6個の価電子のうちの1個ずつをH原子と共有する。このとき，H原子はヘリウム原子Heと同じ安定な電子配置になり安定する。これが2組あるため，O原子はネオンNeと同じ安定な電子配置となり安定する。共有しなかったO原子の残りの電子4個は，2個ずつ2組の非共有電子対となり安定する（表I-3-2）。

　C原子が他の原子と結合する場合は，L殻に価電子4個をもっているため，あと4個を他の原子と共有する必要がある。CH_4（メタン）はその最小分子の例である。すなわち，C原子の4個の価電子がそれぞれ，4つのH原子の価電子1個と共有して，合計8個になる。生体や食品を構成する有機化合物の場合，C原子の共有相手の原子はC，H，O，Nがほとんどである。

　共有する価電子は2個で1つの結合になる。原子間の共有結合を表す方法として，価標とよばれる線（−）を用いる。価標の線1本は，共有した電子2個に対応する。1本だけからなる結合を単結合という。

　価標を用いて分子を表現したものを構造式という。

(2)　二重結合と三重結合
　原子間は2個の電子だけを共有するとは限らず，4個（2個

×2)または6個(2個×3)を共有する場合もある。これらを
それぞれ二重結合，三重結合とよび，それぞれ2本，3本の
価標で表す。

　例えば，二酸化炭素CO_2は，価標を使って表すと
$O=C=O$となる。すなわち，炭素原子の価電子4個のう
ち，2個の電子と片方の酸素原子の価電子2個を共有する。
合わせて4個の共有となり，二重結合となる。もう一方の酸
素原子とも同様の結合が起こり，炭素原子は計8個になって
安定する。酸素の側からみても，もともとの6個の価電子に
炭素原子からの2個の電子との共有により8個の電子になっ
て安定する(表I-3-2)。

表I-3-2　共有結合による分子の形成と構造

分子式	共有結合の形成と電子式	電子式	構造式	共有電子対の数	非共有電子対の数	立体構造
酸素 O_2			価標 $O=O$	2	4	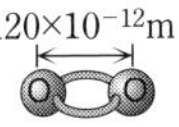 $120×10^{-12}$m　直線
窒素 N_2			$N≡N$	3	2	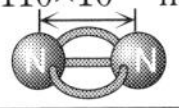 $110×10^{-12}$m　直線
水 H_2O	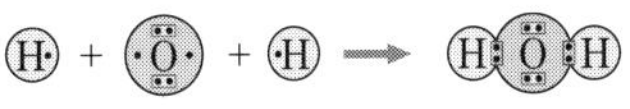		$H-O-H$	2	2	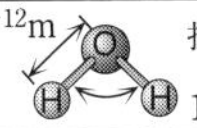 $96×10^{-12}$m　折れ線 104.5°
二酸化炭素 CO_2	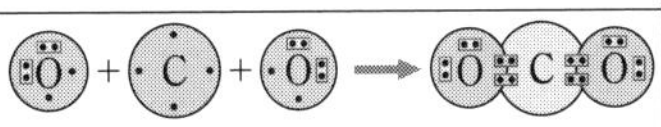		$O=C=O$	4	4	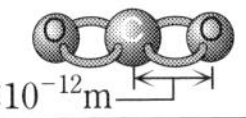 直線 $116×10^{-12}$m
アンモニア NH_3			$H-N-H$ $\,\,\,\,\,\,\,\vert$ $\,\,\,\,\,\,\,H$	3	1	$101×10^{-12}$m　三角錐 106.7°
メタン CH_4			H $\vert$ $H-C-H$ $\vert$ H	4	0	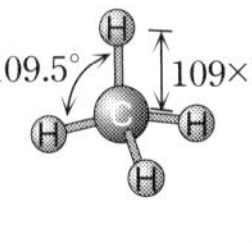 正四面体 109.5°　$109×10^{-12}$m

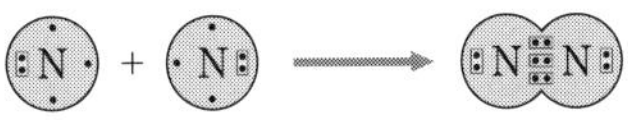

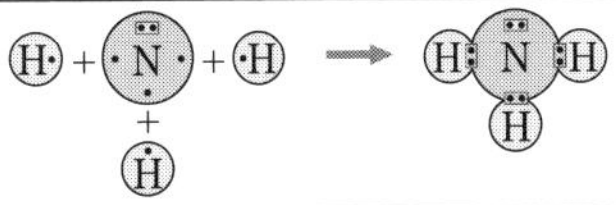

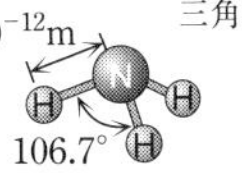

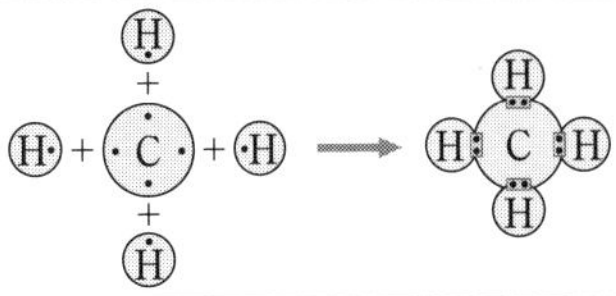

ダイナミック図説化学，p.30，東京書籍，(2009)

　アセチレンC_2H_2は$HC≡CH$であり，三重結合をもつ化合
物である(図I-3-2)。

　有機化合物には，炭素と炭素の二重結合($C=C$)や，炭素
と酸素の二重結合($C=O$)をもつ分子が非常に多い。

$$\begin{matrix}H \\ H\end{matrix}{>}C=C{<}\begin{matrix}H \\ H\end{matrix}\quad エチレン$$

$$H-C≡C-H\quad アセチレン$$

図I-3-2　二重結合と三重結合の例

(3)　分子式と分子量

　分子式は，構成する原子の元素記号とその数を右下に書い
たものである。

　分子量は，原子量と同じ基準，すなわち「炭素原子^{12}C1個
の相対質量を12とする」，を用いて計算した分子の相対質量
をいう。分子量は，構成する原子の原子量と数の総和として

表I-3-3　分子式の表記法と分子量の計算

〔例〕グルコース

分子式	$C_6H_{12}O_6$（C が6個，H が12個，O が6個からなる）
分子量	180 = 12（C の原子量）× 6 + 1（H の原子量）× 12 + 16（O の原子量）× 6

求められる。なお，分子量も相対質量で計算しているので単位はない。

(4) 原子価

一つの原子がもつ価標の数をその原子の原子価という。すなわち，原子が何個の水素原子と結合できるかを示した数に相当する。

表I-3-4　主な原子の原子価

原　子	原子価
水　素	1
酸　素	2
窒　素	3
炭　素	4
ナトリウム	1
硫　黄	2,6
塩　素	1
リ　ン	3,5

(5) 化学式

分子の表現法としては，構造式のほかに分子式，後述する示性式もある。このように一つの分子を表現する方法は複数あり，目的に応じて使い分けるとよい。これらを総称して化学式という。

表I-3-5　化学式の表現例

〔例〕酢　酸

表現法	特　徴	例	備　考
構造式	原子のつながり方を価標で示す	$\begin{array}{c} H \;\; O \\ | \;\;\; || \\ H-C-C-O-H \\ | \\ H \end{array}$	$\begin{array}{c} O \\ || \\ CH_3-C-O-H \end{array}$ のように一部価標を省略してもよい。
分子式	同じ原子ごとにまとめて，それぞれの合計数を右横下に記す	$C_2H_4O_2$	C, H, O, N の順に書き，それ以降は原子のアルファベット順に記す。
示性式	官能基を強調して示す	CH_3COOH	$-COOH$（カルボキシル基）

3　分子の極性と水素結合

(1) 電気陰性度

共有結合をつくっている原子の，電子を引きつける強さの度合いを電気陰性度という。原子間の結合に関与している電子は電気陰性度の大きい原子のほうへわずかに引き寄せられるので，その原子はわずかに負の電荷を帯びる。この状態の原子をδ^-で表す。このとき，もう一方の原子はわずかに正の電荷を帯びる。この状態の原子をδ^+で表す。このような電荷の片寄りのある分子を極性分子という。

水素分子 H_2 の場合は構成する2つの水素原子間の電子の片寄りはない。このような分子を無極性分子という。しかし，水分子 H_2O の場合は片寄りが起こる。まん中の酸素原子の電気陰性度が水素原子より大きいため電子を引きつけ，

電気陰性度は，同一周期の典型元素では，一般に原子番号が大きくなるほど大きくなる。また，同一族では，一般に原子番号が小さくなるほど大きくなる。

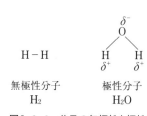

図I-3-3　分子の無極性と極性

負の電荷を帯びる(δ^-)。このとき両側の水素原子は正の電荷を帯びる(δ^+)。ゆえに水分子は極性分子である(図I-3-3)。

(2) 水素結合

　極性分子においてδ^+の電荷を帯びた水素原子が，他の分子のδ^-電荷を帯びた原子と静電気的に引き合うことを水素結合という。すなわち，水素原子をなか立ちとして分子間に弱い結合が生じている。その結合力は，分子内での共有結合やイオン結合の約$\frac{1}{5}$から$\frac{1}{10}$程度である(表I-3-6)。

　この水素結合が水分子間に働くことにより，水に特異な性質をもたらしている。水は分子量がわずか18の小さな分子であるが，沸点は100℃であり，他の同程度の分子量の分子の沸点よりずっと高い。例えば，無極性分子のメタンCH_4(分子量16)の沸点は$-161.4℃$である。水素結合する分子(極性分子)のひとつであるアンモニアNH_3(分子量17)でさえも沸点は$-33.4℃$である。水の沸点が高いのは，水分子間の水素結合によって水分子があたかも大きな分子であるかのような性質を示すためである。また，水は凍ると他の物質とは異なって体積が増加するが，これは水分子が水素結合をした結果，すき間の多い立体構造の氷になるためである。

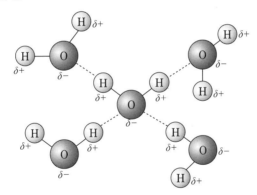

図I-3-4　水分子間の水素結合(-----は水素結合を示す)

4　配位結合

　一方の原子の非共有電子対(他の原子と共有していない2個の電子)を，もう一方の，電子を提供しない陽イオン(水素イオンや金属イオン)が共有する結合を，配位結合という。

　例として，オキソニウムイオンがあげられる。塩酸や酢酸などの酸は水に溶けて水素イオン(H^+)をだす。($HCl \longrightarrow H^+ + Cl^-$)。この$H^+$は，実際は水分子の非共有電子対と配位結

合してオキソニウムイオン(H_3O^+)となって存在している。ただし，便宜上 H_3O^+ を H^+ で表すことが多い。また，アンモニア(NH_3)の窒素原子も非共有電子対を持つが，これが水素イオンと配位結合することによりアンモニウムイオン(NH_4^+)を形成する（図I-3-5）。

なすや黒豆の調理で色素保持のために経験的にくぎを入れるのは，アントシアニン系色素が金属イオンと配位結合してキレート化合物をつくり，色素が安定化するためである。

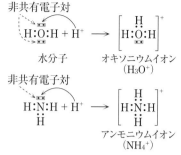

図I-3-5　配位結合の例

5　化学結合の比較

表I-3-6　結合力の比較

分子間	備　考	エネルギー(kJ/mol)
ファンデルワールス力	分子間に働く弱い引力	0.1〜10
水素結合	水素を介した分子間力	10〜40
化合物内		
イオン結合	陽イオンと陰イオンが静電気的に引き合う力＝クーロン力(静電気力)	100〜1000
共有結合	電子を共有して安定化する	100〜1000

6　金属結合

金属結合は金属元素どうしの結合である。金属の固体中では，多数の陽イオンの金属原子が規則正しく配列している。金属原子から出た多数の自由電子が，金属原子間を自由に動き回って金属原子を結びつけている結合を金属結合という。

この自由電子の存在により，金属は光沢があり，電気伝導度が大きい。原子間の結合に方向性がないため，力を加えたときでも金属は割れず，展性(薄く広げる)，延性(伸びる)などの，特徴的な性質を金属にもたらす（図III-8-1参照）。

☕ tea break　**食塩の話**

食塩とは，食用として安全な塩化ナトリウム($NaCl$)を主とする塩味を有する物質をいう。海水中には $NaCl$ が約2.7%含まれているため，海水浴で海水が口に入ると塩からく感じる。

料理のおいしさは，食塩濃度が大きく影響する。吸もののような液体は約0.8%，ご飯と一緒に食べる煮物は1.5〜2.0%が塩味の基本といわれている。おいしく感じる塩分の濃度範囲が狭いので調理に注意が必要である。

$NaCl$ は，Na^+ と Cl^- がイオン結合した化合物であり，水中ではイオンに分かれて存在している。動物の体にとって食塩が生理的に不可欠であるのは，体液に Na^+ が存在して主に細胞外の浸透圧の維持のために働いているからである。一方，細胞内では K^+ が同様に働くことにより，細胞内外の浸透圧のバランスを保っている。そのため，人間は食塩なしでは生きられない。

第Ⅱ編
物質の状態と変化

4章　物質の状態

　物質は，原子，イオン，分子などの粒子が集合したもの
で，物質を構成している粒子は，その温度に応じて絶え間な
く不規則な運動をしている。物質は，固体，液体，気体の三
態のうちのいずれかの状態となるが，三態の間の状態変化
は，個々の粒子の運動状態と関係している。

　物質の変化は，物質の種類が変化する化学変化と，物質の
種類は変化しないが状態が変化する物理変化に分けられる。

1　気体と圧力

(1)　圧力とボイルの法則

　気体では，分子はその温度に応じて不規則な運動をしてお
り，この運動を熱運動という。気体分子が容器に入れられた
場合，容器の壁に衝突して壁を押す力が生じる。単位面積当
たりの壁を押す力が気体の圧力である。

　理想気体では，一定の温度で体積を2倍にすると，壁に衝
突する時間当たりの確率は1/2となり，圧力も1/2となる
(図II-4-1)。このことは，「理想気体では，温度が一定のと
き，気体の圧力Pは体積Vに反比例する」ということができ
る。これをボイルの法則という。ボイルの法則は，1662年
にイギリス人ボイルによって発見された。
ボイルの法則は，次のように表される。

　　$PV = $一定

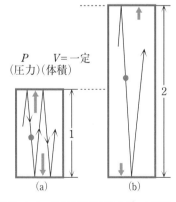

図II-4-1　分子の運動エネルギーと圧力

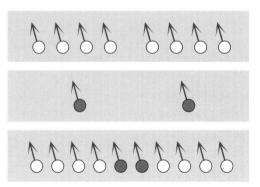

図II-4-2　分圧の総和が混合気体の全圧

空気は，窒素 N_2，酸素 O_2，二酸化炭素 CO_2，アルゴン Ar などの純物質からなる混合気体である。混合気体の圧力を全圧，各成分気体が単独で混合気体の全体積を占めたときの圧力をその成分気体の分圧という。全圧は，各成分気体の分圧の総和となる（図II-4-2）。

●大気中の窒素と酸素の分圧

　窒素が80％，酸素が20％の混合気体の全圧が1気圧であった場合，成分気体の分圧はその分子数に比例する。したがって，窒素の分圧は0.8気圧，酸素の分圧は0.2気圧となる。

（2）温度とシャルルの法則

　気体の温度を上げると，分子の運動は活発になり，その結果，同じ体積を維持すると圧力が上がり，圧力を一定にすると体積が増加する。

　理想気体では，「一定量の気体の体積 V は，圧力が一定のとき，温度を1℃上げるごとに，0℃のときの体積の1/273ずつ増加する」。これをシャルルの法則という。シャルルの法則は，1787年にフランス人シャルルによって発見された。

　これは絶対温度 K（ケルビン）を用いると，次のように表される。

$$V = kT \qquad (k は一定の値)$$

　温度を下げていくと，分子の運動は緩慢になり，－273℃になると分子運動は完全に停止する。これ以下の温度は存在せず，この温度を絶対零度という。絶対零度を0とし，温度目盛りをセルシウス温度（℃）と同じとしたものを絶対温度といい，K（ケルビン）を単位とする（図II-4-3）。絶対温度 T（K）とセルシウス温度 t（℃）との関係は，$T = 273 + t$ となる。

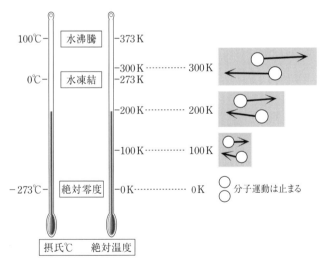

図II-4-3　気体の体積と絶対温度

ボイルの法則とシャルルの法則をまとめると，「一定量の気体の体積 V は，圧力 P に反比例し，絶対温度 T に比例する」ということになり，右の式で表すことができる。

気体の圧力や体積に関するボイル・シャルルの法則は，扱う気体は理想気体と仮定しており，実際の気体では，理想気体の値からずれたものとなる。

(3) モルと標準状態

個々の分子はたいへん小さな粒子である。しかし，膨大な個数が集まれば，その分子量の数値に単位 g（グラム）をつけた質量となる。例えば，水素 H_2 であれば 2 g，窒素 N_2 であれば 28 g，酸素 O_2 であれば 32 g になる個数がある。この個数は 6.02×10^{23} であり，この個数の集団を 1 mol（モル）という単位でよぶ。1 mol の分子，1 mol のイオン，1 mol の原子は，いずれも 6.02×10^{23} 個の粒子の集合体である。

気体では温度と圧力が等しい条件のもとで同じ体積ならば，気体の種類に関係なく存在する分子は同数となる。温度 0℃，圧力 101.3 kPa（1 気圧），これを標準状態という。標準状態の 22.4 L の体積の気体には，6.02×10^{23} 個の分子が存在する。1 mol の分子が存在することになるので，純物質の気体では標準状態の 22.4 L のグラム数が分子量となる。

- ●ボイル・シャルルの法則

$$\frac{PV}{T} = \text{一定}$$

P：圧力，V：体積，T：絶対温度，
$T = t + 273$（t：摂氏の温度（℃））

- ●1 モル（mol）は
  6×10^{23} 個と覚えても可

  水の分子量は 18。すなわち 18 g の水には 6×10^{23} 個の水分子がある。

  6×10^{23} という数字がいかに巨大であるかを知るため，世界の人口と比較してみる。世界の人口は 80 億人に達しているが，話を簡単にするため 60 億人とする。60 億は 6×10^9 である。仮に 1 mol 円（6×10^{23} 円）のお金があり，これを世界の人々に均等に配ったとしたら 10^{14} 円となる。10^{14} 円は 100 兆円である。

- ●1 気圧
  1 気圧は 1 atom と書き，101325 Pa（パスカル）の圧力である。
- ●同温・同圧・同体積の気体＝分子数は同数

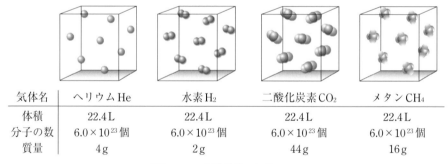

気体名	ヘリウム He	水素 H_2	二酸化炭素 CO_2	メタン CH_4
体積	22.4 L	22.4 L	22.4 L	22.4 L
分子の数	6.0×10^{23} 個	6.0×10^{23} 個	6.0×10^{23} 個	6.0×10^{23} 個
質量	4 g	2 g	44 g	16 g

図 II-4-4　標準状態の気体 1 mol

(4) 単 位

国際単位系が，国際度量衡総会で 1960 年に定められ，SI と略される。SI で 7 つの基本単位を定めた。これを SI 基本単位とよぶ。K（ケルビン）は，温度の SI 基本単位である。また分子，イオン，原子などの粒子の集団を数える単位である mol も，SI 基本単位となっている。

SI 基本単位ではないエネルギーや圧力については，SI 基本単位の積または商をもとに定義される。これを SI 組立単

表 II-4-1　SI 基本単位

量	名 称	記 号
長 さ	メートル	m
質 量	キログラム	kg
時 間	秒	s
電 流	アンペア	A
熱力学温度	ケルビン	K
物質量	モル	mol
光 度	カンデラ	cd

位という。

　エネルギーの単位を定めるためには，エネルギーとは何か
ということが問われる。エネルギーとは，外界に動きをあた
える「仕事」をする能力である。これは

　　　　　仕事＝力×動いた距離

と表せる。力の単位は，N（ニュートン）である。1N は質量
1kg の物体に，1m/s^2 の加速度を生じさせる力である（1s は1
秒）。物体に1N の力が働いて1m を動かす仕事を，1J
（ジュール）としてエネルギーの単位は定められた。

　式を示すと

　　　　　$1N = 1kg \times 1m/s^2$　　　　$1Nm = 1J$

となる。分子運動エネルギーも J を用いて表すことができる。

　圧力とは面にかかる力である。したがって，$1m^2$ あたり
1N の力が作用する力を1Pa（パスカル）として，圧力の単位
は定められた。

　　　　　$1Pa = 1N/m^2$

●J（ジュール）とcal（カロリー）の関係
　43ページの「熱量」を参照

(5)　気体の状態方程式

　ボイル・シャルルの法則で導かれた式に，理想気体1mol
は標準状態で22.4L であることを代入すると

$$一定(R) = \frac{PV}{T} = \frac{1.013 \times 10^5 Pa \times 22.4 L/mol}{273 K} = 8.31 \times 10^3 \frac{Pa \cdot L}{K \cdot mol} = 8.31 \frac{Pa \cdot m^3}{K \cdot mol}$$

となる。また，圧力 P は単位面積あたりの力 N/m^2 である。
これに体積 m^3 を乗じると，$N/m^2 \times m^3 = Nm$ となる。エネ
ルギーの単位である J は，上述のように $1Nm = 1J$ であるの
で，次式のように書き直せる。

$$一定(R) = \frac{PV}{T} = 8.31 \frac{Pa \cdot m^3}{K \cdot mol} = 8.31 \frac{J}{K \cdot mol}$$

　この R の値は，気体1mol について，圧力，温度，体積に
関係なく，また気体の種類に関係なく一定であるので，気体
定数という。

　　　　　1mol のときには　　$\frac{PV}{T} = R$

すなわち，$PV = RT$ である。

　n mol であれば，$PV = nRT$ となる。

　この式を気体の状態方程式という。状態方程式の両辺はエ
ネルギーの量を示している。

2 物質の三態

(1) 気体，液体，固体

　物質は，温度や圧力によって状態が変化し，どの物質も，固体，液体，固体の3つの状態をとる。これを物質の三態という。

　気体は，分子が空間を飛び回っており，分子間の距離は大きい。三態の中で分子の運動が最も激しいのが気体である。液体は，分子間の距離は小さく，分子は密集して動き回る。分子の運動が分子間の引力に打ち勝って互いに位置を変え，流動性をもつ。固体は，分子間の距離は小さく，分子は一定の位置で振動している。固体分子は規則的に配置されていて，分子間での入れ替えはない。気体は温度が一定でも，圧力によって体積が変化する。液体は容器に合わせて形状が変わるが，固体は一定の形状となる(図II-4-5)。

　物質は通常，温度の上昇により，固体，液体，気体の順に状態が変化する。物質が三態のうちどの状態をとるかは，温度と圧力によって決定される。様々な温度と圧力のとき，物質がどの状態となるかを示した図を状態図という。

　二酸化炭素は，大気圧では-78.5℃以下では固体，それ以上では気体となり，液体は存在しない。5.11気圧以上のある温度範囲でのみ，液体の二酸化炭素が存在する。

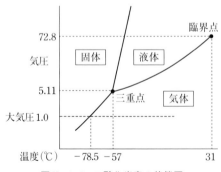

図II-4-6　二酸化炭素の状態図

　三重点は，固体，液体，気体の3つの状態が共存する点で，二酸化炭素では5.11気圧，－57℃となる。臨界点は，これ以上の温度と圧力では液体と気体の区別がなくなる点で，気体の拡散性と液体の溶解性をもつ超臨界流体とよばれる状態になる。

●物質の三態
気体；体積も形もない。
液体；体積あれども，形なし。
固体；体積も形もある。

気体
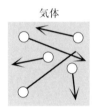

液体

固体

図II-4-5　気体，液体，固体の分子運動

●臨界点
　図の右上に臨界点がある。臨界点以上の温度と圧力では，気体の拡散性と液体の溶解性をもつ超臨界流体とよばれる状態になる。二酸化炭素の超臨界流体により，カフェインを除いたデカフェのコーヒーが，市販されている。二酸化炭素は常温常圧ではとんでしまうので，製品の中に余分なものは残らない。

(2) 状態変化と潜熱

　氷から水になるとき，あるいは水から水蒸気になるときは，熱を加えても完全に液体や気体に変化するまで温度が上昇しない。この温度では固体と液体，あるいは液体と気体が共存しており，加えられた熱は状態変化にのみ使われる。固体が液体になるときは，分子は定まった場所を脱して動き回らねばならない。固体の規則的な分子の配置をくずすエネルギーが必要なわけである。同様に液体が気体になるためには，分子が自由運動を開始するエネルギーが必要となる。状態の変化を起こすのに必要なエネルギーを潜熱という。

　純粋な物質の状態変化は，決まった温度と圧力で起こる。固体から液体への変化は融解，液体から気体への変化は気化，固体から気体への変化を昇華という。融解，蒸発，昇華に必要な潜熱をそれぞれ，融解熱，蒸発熱，昇華熱という。

表II-4-2　状態変化の名称と潜熱

状態の変化			名　称	潜　熱
固体	→	液体	融解	融解熱
固体	←	液体	凝固	凝固熱
液体	→	気体	蒸発	蒸発熱
液体	←	気体	凝縮	凝縮熱
固体	→	気体	昇華	昇華熱
固体	←	気体	凝華	凝華熱

注：昇華とは，固体から気体，凝華は気体から固体へと，液体抜きで変化すること。

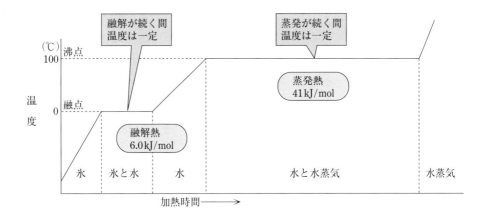

図II-4-7　水の物理的変化と熱

(3) 蒸気圧と沸騰

　水は，100℃で沸騰しなくても，常温でも気化する。洗濯物が乾燥するのはそのためである。容器の水も，密封されていなければ蒸発して減っていく。一方，密封した容器に液体を入れて放置すると，初めは一定時間に蒸発する分子の数が凝縮する分子の数より多いが，時間がたつと，一定時間に蒸発する分子の数と凝縮する分子の数が等しくなる。このとき，見かけ上，蒸発が止まった状態になり，この状態を気液平衡という。

　気液平衡にある蒸気が示す圧力を飽和蒸気圧という。蒸気圧が大きいときには，揮発性が大きい。蒸気圧は，温度や液体の種類によって異なる。

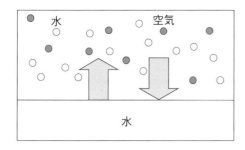

図II-4-8　気液平衡
（圧力＝空気の圧力＋水の蒸気圧）

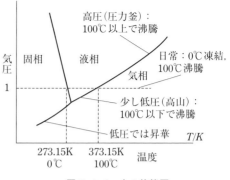

図II-4-9　水の状態図

大気圧（1気圧）のもとで液体を加熱すると，温度が上がると共に蒸気圧も上昇する。蒸気圧が大気圧と等しくなると，液体の内部からも蒸発が起こり，蒸気が気泡となって発生する。これを沸騰といい，このときの温度を沸点という。

水の場合，100℃での蒸気圧は1気圧となり，海面近くの標高では大気圧が1気圧であるので，100℃で沸騰する。高山などの気圧が低いところでは，水の蒸気圧が1気圧以下でも沸騰する。例えば，富士山の頂上では0.7気圧以下となるため，水は約90℃で沸騰する。このような条件で炊飯すると，デンプンの糊化が十分に起らないため，シンの残った米飯ととなる。調理に使用する圧力鍋では，鍋内の圧力が1気圧を超えるため，100℃では沸騰に達せず，100℃を超える水が存在する。このため，熱による変化が大きくなり，調理時間が短縮される。

●気　圧

大気の重さによって地表にはたらく圧力を大気圧という。圧力の単位はPa（パスカル）が使用され，1Paは1m²あたり1N（ニュートン）の力がはたらいたときの圧力である。海面付近の平均大気圧は1.013×10^5Paであり，これを1気圧とよぶ。気象情報などでは1,013hPa（ヘクトパスカル）と表記される。

3　溶液と分散系

（1）　溶　液

液体に他の物質が解けて均一に混ざり合うことを溶解といい，溶解してできた液体を溶液という。溶液において，溶かしている液体を溶媒，溶けている物質を溶質という。食塩水では，食塩が溶質，砂糖水では砂糖が溶質であり，両方とも水が溶媒である。

溶媒は，水のように極性をもつ極性溶媒と，油のように極性をもたない無極性溶媒がある。溶質についても，塩化ナトリウムや砂糖のように極性が大きなものと，バターのように極性が小さいものがある。

●似たものどうしは仲がよい

極性の大きな溶質は極性溶媒に溶けやすいが，無極性溶媒には溶けにくい。一方，極性の小さな溶質は，極性溶媒には溶けにくいが，無極性溶媒には溶けやすい。このように，溶媒と溶質の極性が両方とも大きいか，両方とも小さい場合に溶解する。

塩化ナトリウム NaCl が水に溶解すると，ナトリウムイオン Na$^+$ と塩化物イオン Cl$^-$ に電離する。このように，水に溶けて電離する物質を電解質という。水分子は，分子内でやや正に帯電した H 原子と，やや負に帯電した O 原子がある。溶質が電離して生じた陽イオンは，水分子の負に帯電した側，陰イオンは正に帯電した側とそれぞれ静電的引力で引き合い，その結果 Na$^+$ と Cl$^-$ は水分子に囲まれて集合体をつくる。この現象を水和といい，水和しているイオンを水和イオンという（図Ⅱ-4-10）。

ショ糖が水に溶解した場合には電離は起こらない。この場合，ショ糖のヒドロキシ基（−OH）の水素がやや正に帯電しており，その周囲に水分子のやや負に帯電した O 原子が静電的に結びつく。このように，非電解質が形成する分子集団を水和分子とよぶ。

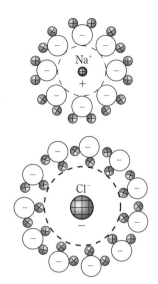

図Ⅱ-4-10　水和イオン

（2）　濃度と溶解度

溶液に含まれる溶質の割合を濃度という。濃度の表し方は，目的に応じて以下の3つが使い分けられる。

① 質量パーセント濃度

溶液100 g 中の，溶質の g 単位の質量の数値で表す。

$$質量パーセント濃度[\%] = \frac{溶質の質量[g]}{溶液の質量[g]} \times 100\%$$

$$= \frac{溶質の質量[g]}{溶質の質量[g] + 溶媒の質量[g]}$$

② モル濃度

溶液1 L 中の溶質の物理量（mol）で表す。

$$モル濃度[mol/L] = \frac{溶質の物質量[mol]}{溶液の体積[L]}$$

③ 質量モル濃度

溶媒1 kg 中に溶けている溶質の物質量（mol）で表す。沸点上昇や凝固点降下（次項の希薄溶液の性質で説明される）を計算する場合は，溶液の質量モル濃度を用いる。

$$質量モル濃度[mol/kg] = \frac{溶質の物質量[mol]}{溶媒の質量[kg]}$$

溶媒に固体の溶質を溶かしていくと，それ以上溶けなくなる限界に達する。この限界に達した溶液を飽和溶液という。溶媒100 g に溶かすことができる溶質のグラム数を固体の溶解度という。溶解度は温度によって変化するが，一般に固体

●モル濃度

例えば，塩化ナトリウム1 mol（58.5 g）を，水に溶解して1 L 溶液にしたとき，これを塩化ナトリウムの1 mol濃度の溶液という。

●質量モル濃度

沸点上昇や凝固点降下（32ページ）の計算で使われる。

の溶解度は温度が高いほど大きい。溶解度と温度の関係を表す曲線を溶解度曲線という。食塩は，温度による溶解度の変化が少ないが，硝酸カリウムのように，温度により変化が大きな物質もある（図Ⅱ-4-11）。

気体の溶解度は，気体の種類によって異なるが，温度が高くなると溶解度は低くなる。

また，一定量の水に溶ける気体の質量は，圧力に比例して大きくなる。

炭酸飲料の容器内では，高圧で二酸化炭素が溶け込んでいるが，容器を開封すると気圧が低下し，溶け込んでいた二酸化炭素の一部が泡となって飛び出してくる。

(3) 分散系

① コロイド粒子

イオンや分子より大きな直径1nm～100nmの粒子が，溶媒に分散している場合がある。この状態をコロイドといい，分散している粒子をコロイド粒子という。コロイド粒子は，ろ紙は通過できるが，半透膜は通過できない。コロイド粒子は，正または負に電荷を帯びており，互いに電気的に反発するため凝集せず，沈殿しない。コロイド粒子が液体に分散している場合，これをコロイド溶液という。なお，コロイドに対して，溶けている粒子の大きさが1nmより小さい場合，真の溶液という

液体状態のコロイド溶液をゾルという。ゼラチンや寒天のコロイド溶液は冷やすと分散している物質が網目状構造をつくり水を含んだまま固化する。この半固体状のコロイドをゲルという。豆腐やコンニャクなどの食品はゲルである。また，ゲルを乾燥させ，網目状構造が残ったものをキセロゲルという。棒寒天や凍り豆腐はキセロゲルである。

② エマルション（乳濁液）

水と油のように溶け合わない液体同士の一方が他方に分散したものをエマルション（乳濁液）という。牛乳は，直径が0.1～10μm（100～10,000nm）程度の脂肪球が水に分散しているエマルションである。分散している粒子は，直径が小さい場合はコロイド粒子でもある。水の中に油滴が分散しているものを水中油滴型エマルションという。バターは，水が油の中に分散しているエマルションであり，油の中に水滴が分散しているものを油中水滴型エマルションという。

エマルションは，水溶液とは異なり，濁って半透明であ

● 溶解度曲線

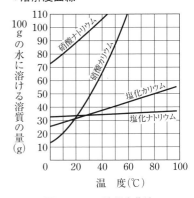

図Ⅱ-4-11　溶解度曲線

注〕硝酸カリウムの60℃での飽和水溶液は，水100gに109gの硝酸カリウムが溶解している。この溶液を20℃まで冷やすと，水100gに32gの硝酸カリウムしか溶解しない。このとき，溶けている溶質の量の差（109g-32g=77g）である77gが結晶として析出する。

● エマルション（乳濁液）

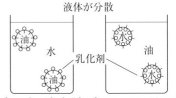

〔マヨネーズ，牛乳〕　〔バター，マーガリン〕
水中油滴型　　　　　油中水滴型
（水の性質が強い）　（油の性質が強い）

注〕図の乳化剤では，○が親水性部分，－が疎水性部分となる。

● サスペンション（懸濁液）

図Ⅱ-4-12　エマルションとサスペンション

る。これは，エマルションの分散している粒子に光が反射され，散乱するためである。牛乳が白く見えるのも，このような光の散乱による（図Ⅱ-4-13）。

溶け合わない液体（例えば水と油）を混合し，一方を他方の中に粒として分散させることを乳化という。分散している粒は，次第に凝集して（くっついて）大きくなり，いずれ2つの層（水の層と油の層）に分かれてしまう。乳化の際，乳化剤を用いると，乳化剤が分散している粒子の表面に吸着し，粒子を安定化させる。乳化剤は，1つの分子の中に水と付きやすい親水性の部分と，油と付きやすい疎水性（親油性）の2つの部分をもっており，それぞれが水と油に向かって吸着している（図Ⅱ-4-12）。

③ サスペンション（懸濁液）

コロイド粒子または100 nm以上の固体を含む微粒子が液体に分散したものをサスペンション（懸濁液）という。泥水（粘土を含んだ濁水）や墨汁の他，小麦粉を分散させた水，みそ汁なども懸濁液である。

(4) 浸透圧

セロハンの膜には小さな穴があり，水分子はこの穴より小さいので通ることができるが，ショ糖分子はこの穴より大きいので通ることができない。このような性質をもつ膜を半透膜という（図Ⅱ-4-14）。

図のように，半透膜で仕切ったショ糖濃度の異なる水溶液をしばらく放置すると，水は低濃度側から高濃度側に移動する。両者が同濃度になると，平衡に達して水の移動は停止する。このように，溶媒（水）が膜を通って移動する現象を浸透といい，溶媒が移動するために生じる圧力を浸透圧という。半透膜で仕切られた濃度の異なる溶液の，液面の高さを同じにするためには，濃度の高い溶液に圧力を加える必要があり，この圧力は浸透圧と同じである。

浸透圧は，溶媒や溶質の種類に関係なく，溶質の分子のモル濃度（mol/L）と絶対温度（K）に比例する。つまり，溶液の濃度が高いほど，また温度が高いほど，浸透圧は高くなる。

青菜に塩は，浸透圧の身近な例である。塩がかかれば，青菜の外の食塩濃度は高くなる。青菜の細胞膜は半透膜であるため，細胞内の水は濃度差をなくすため外に出て，青菜はしんなりすることになる。

● 水溶液と乳濁液

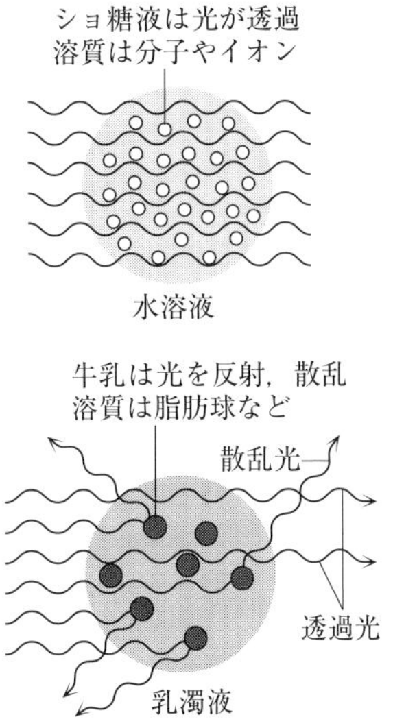

ショ糖液は光が透過
溶質は分子やイオン

水溶液

牛乳は光を反射，散乱
溶質は脂肪球など

散乱光

透過光

乳濁液

図Ⅱ-4-13　ショ糖液と乳濁液

● 浸透圧の説明図

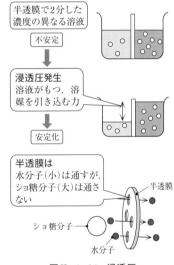

半透膜で2分した
濃度の異なる溶液

不安定

浸透圧発生
溶液がもつ，溶媒を引き込む力

安定化

半透膜は
水分子（小）は通すが，
ショ糖分子（大）は通さない

半透膜

ショ糖分子

水分子

図Ⅱ-4-14　浸透圧

● 気体の圧力と溶液の浸透圧

気体は，運動する分子により，圧力が生ずる。水中のショ糖分子も，同様の運動をする。半透膜で隔てられても，両側で同じ分子運動エネルギーになろうとする。そのため水の体積をショ糖分子の数に比例させるべく，圧力が生じる。

（5）　沸点上昇と凝固点降下

　液体に不揮発性の物質を溶かした場合には，液体単独の場合に比べて，沸点が高くなり，凝固点は低くなる。

　ショ糖溶液では，水面にショ糖分子が存在するため，溶液表面から蒸発して飛び出す水分子は，純粋な水の場合よりも少なくなる。そのため，ショ糖溶液の蒸気圧は水よりも低くなり，その結果沸点が上昇する（沸点が100℃より高くなる）。この現象を沸点上昇という（図Ⅱ-4-15）。

　ショ糖溶液を凝固させる場合，ショ糖分子の存在が水分子の結晶化を妨げ，凝固点が降下する（凝固点が0℃より低くなる）。この現象を凝固点降下という。

　沸点上昇，凝固点降下がどの程度起るのかは，溶質の種類に関係なく，溶質の質量モル濃度（mol/kg）に依存する。ただし，食塩のような電解質では，電離によって生じるイオンが作用するため，食塩1molは，Na$^+$とCl$^-$合わせて2mol分のはたらきをする。

●ショ糖の沸点上昇

　水の沸騰は100℃であるが，ショ糖は水によく溶け，ショ糖溶液の沸点は180℃にも達する。

●未知物質の分子量測定

　溶質の種類に関係なく，質量モル濃度（24ページ）により凝固点降下と沸点上昇の値はきまる。未知物質の凝固点降下または沸点上昇の測定結果から，その分子量を計算することも可能である。

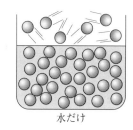 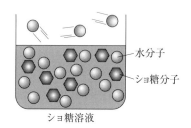

水だけ　　　　　　ショ糖溶液

水分子
ショ糖分子

図Ⅱ-4-15　ショ糖溶液の沸点上昇

☕ *tea break*　フリーズドライ：水を昇華させる食品加工技術

　水も低い圧力のもとでは，ドライアイスのような昇華が起こる（図Ⅱ-4-9参照）。食品を−30℃程度で急速に凍結し，圧力を低くして真空に近い状態にする。氷（固体）となった水分は，昇華により液体になることなく水蒸気（気体）となり，食品から抜け出ていく。この方法はフリーズドライまたは凍結乾燥とよばれる。

　麺を油で揚げず，フリーズドライにより製造されたカップ麺は，1970年代に登場した。麺の内部にあった氷の部分だけが除かれているので，製品は多数の空隙のある多孔質となる。水や熱湯を注げば，空隙に浸透していくために乾燥前の形にもどりやすい。さらにフリーズドライは，熱による乾燥とは異なり，風味や栄養成分を損なうことも少なく，長期の保存も可能となる。現在では，インスタントコーヒー，インスタントスープなどの加工技術として広く普及している。

5章　物質の変化

　化学変化が起こると，物質そのものが他の物質に変化する。物質は，分子式や組成式などの化学式で表すことができるので，化学変化によって分子構造が変化したときも，その変化を化学式で表すことができる。化学反応では，熱の発生や吸収が起こることがあり，また，化学反応が始まるためにはエネルギーが必要である。

1　化学反応の進行

(1)　化学反応式と量的関係

　メタンが空気中で燃焼することや，水を水素と酸素に分解することは，化学変化であり，化学変化による物質の変化を化学式で表したものが化学反応式である。

　メタン CH_4 の燃焼は，以下の化学反応式で表すことができる。

$$CH_4 + 2O_2 \longrightarrow CO_2 + 2H_2O$$

　反応前の物質は反応物，反応してできた物質は生成物とよぶ。メタンの燃焼では，メタンと酸素 O_2 が反応物で，二酸化炭素 CO_2 と水 H_2O が生成物である。化学反応式では，反応物を左辺に，生成物を右辺に書き，両辺を「→」で結ぶ。

　左辺の各原子の数の和と，右辺の各原子の数の和は，等しくしなければならない。そのため，化学式の前に係数をつける。係数は最も簡単な整数比とし，係数が1のときにはこれを書かない。

　化学反応式は，物質の変化だけでなく，反応物，生成物それぞれの量的関係も表す。メタンの燃焼では，メタン1分子，酸素2分子が反応して二酸化炭素1分子，水2分子が生成している。このときの分子の数は，物質量(mol)の比率と同じとなり，物質量と分子量から質量を，1mol の気体が標準状態で22.4L を占めることから体積を求めることができる。

(2)　化学反応と熱エネルギー

　化学反応にともなって，熱が発生したり熱を吸収したりす

●反応式
化学反応式
$$2H_2 + O_2 \rightarrow 2H_2O$$
熱化学方程式
$$H_2 + \frac{1}{2} O_2 = H_2O + 286\,kJ$$

る。熱が発生する反応を発熱反応といい，熱を吸収する反応を吸熱反応という。化学反応に伴って発生，または吸収する熱を反応熱という。反応熱の熱量を化学反応式に書き加え，左辺と右辺を等号（＝）で結んだ式が，熱化学方程式である。発熱反応は右辺に＋としてその熱量を書き，吸熱反応は－として熱量を書く。

メタンの燃焼を熱化学方程式で表すと，以下の式になる。

$$CH_4 + 2O_2 = CO_2 + 2H_2O + 890\,kJ（キロジュール）$$

反応物に含まれる炭素 C がすべて CO_2 に，水素 H がすべて H_2O になる反応を完全燃焼という。1 mol の物質が完全燃焼する際に発生する熱量を燃焼熱といい，メタンの場合 890 kJ である。

物質が変化するとき，出入りする熱量は，はじめの状態と終わりの状態だけで決まり，変化の経路には無関係である。この関係をヘスの法則という。ヘスの法則により，炭素を完全燃焼して CO_2 としたときに発生した熱量と，炭素を CO にして，さらに CO を燃焼して CO_2 にしたときに発生した熱量は等しくなる（図 II-5-1）。

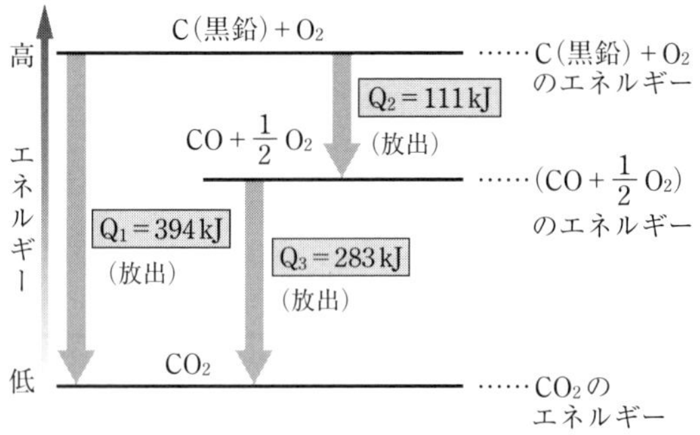

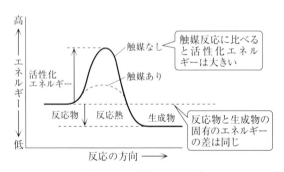

図II-5-1　水の生成熱と変化の経路

（図中）

C（黒鉛）+ O₂ …… C（黒鉛）+ O₂ のエネルギー

$CO + \frac{1}{2}O_2$　$Q_2 = 111\,kJ$（放出）　……（$CO + \frac{1}{2}O_2$）のエネルギー

$Q_1 = 394\,kJ$（放出）　$Q_3 = 283\,kJ$（放出）

CO_2 …… CO_2 のエネルギー

高　エネルギー　低

● 反応熱の大きさ

```
  反応物のエネルギー
－）生成物のエネルギー
――――――――――――
  反応熱の大きさ
```

● 化学反応

反応物の衝突→活性化状態→生成物

(3)　反応速度と活性化エネルギー

化学反応の速さは，単位時間当たりの生成物の変化量で表し，これを反応速度という。メタンが燃焼する反応などは，反応速度がきわめて大きい。一方で，空気中で鉄が酸化する（さびる）反応などは，反応速度が小さい。反応速度を大きくするには，反応物の濃度を大きくする，温度を高くする，撹拌するなどの方法がある。

反応が起こるためには，反応物の分子などが衝突する必要があるが，衝突しても，反応を始めるのに必要なエネルギーがないと反応は起こらない。例えば，水素 H_2 と酸素 O_2 が反応して水 H_2O が生成するためには，H_2 と O_2 が，エネルギーの高い状態となって衝突する必要がある。このエネルギーが高い状態を活性化状態といい，活性化状態になるために必要なエネルギーを活性化エネルギーという。活性化エネルギーが小さい反応ほど起こりやすい（図 II-5-2）。

化学反応では，その物質自身は変化しないが，特定の反応

図II-5-2　活性化エネルギー

（図中）

高　エネルギー　低

活性化エネルギー

触媒なし

触媒あり

反応物　反応熱　生成物

反応の方向 →

触媒反応に比べると活性化エネルギーは大きい

反応物と生成物の固有のエネルギーの差は同じ

を起こりやすくする物質が使用されることがあり，この物質を触媒とよぶ。触媒を用いると，活性化エネルギーが小さい経路で反応が進み，反応速度が大きくなる。触媒によって反応速度が大きくなっても，反応によって生じる熱量は変化しない。

（4）化学平衡と平衡移動

化学反応の多くは，反応物から生成物への一方向だけの反応でなく，生成物から反応物への逆向きの反応も起こる。このように，どちらの方向にも進む反応を可逆反応といい，反応式で右向きのものを正反応，左向きのものを逆反応という。これとは異なり，一方向にしか進まない反応を不可逆反応という。例えば，燃焼は不可逆反応であり，燃えたものが元に戻る反応は起こらない。

可逆反応では，はじめは正反応の反応速度が大きいが，時間がたつと正反応の速度と逆反応の速度が等しくなり，見かけ上反応が止まった状態になる。この状態を化学平衡という。

化学平衡の状態に達しても，濃度，圧力，温度などの条件を変えると，正反応または逆反応が進行して新しい平衡状態になる。これを平衡移動という。平衡移動の方向は，濃度などの条件の変化を打ち消す方向に進む。これを平衡移動の原理という。

触媒は，活性化エネルギーを小さくすることで反応速度を大きくし，平衡状態に達するまでの時間を短くするが，平衡移動は起こさない。つまり，平衡状態の生成物と反応物の濃度は，触媒のない場合と同じである。

表Ⅱ-5-1　反応速度を上げるには

操　作	理　由
反応物増加	分子の増加により，分子どうしの衝突回数が増える
温度の上昇	分子運動が活発になり，分子どうしの衝突回数が増える
触媒の使用	活性化エネルギーを小さくする

注〕衝突が増えれば，活性化状態になる割合も増える。

表Ⅱ-5-2　アンモニア合成の平衡移動

$N_2 + 3H_2 = 2NH_3 + 92.2\,kJ$

操　作	平衡移動の方向
N_2の増加 →	右方向への反応が進めばN_2は減少
H_2の増加 →	右方向への反応が進めばH_2は減少
NH_3の増加 ←	左方向への反応が進めばNH_3は減少
圧力増大 →	右辺の方が物質量は少なく，圧力を下げる方向
圧力減少 ←	左辺の方が物質量は多く，圧力を上げる方向
温度上昇 ←	左辺に進めば発熱反応の逆方向
温度降下 →	右辺に進めば発熱反応の方向

2　酸と塩基

食品などの中には，酸っぱいものがあり，この性質を酸という。また，苦くて手につけるとぬるぬるするものがあり，この性質を塩基という。水に溶ける塩基をアルカリという。アルカリは，アラビア語の植物の灰を意味する言葉が起源で，灰は強い塩基性を示すことから，灰から抽出した物質，およびそれに似た性質をアルカリとよぶようになった。

（1）酸と塩基の定義

酸と塩基の定義は，以下の3つある（表Ⅱ-5-3）。
第一の定義は，「酸は水中で電離して水素イオン（H^+）を放

表Ⅱ-5-3　酸と塩基の定義

定義者	酸	塩　基
1　アレニウス	H^+を放出	OH^-を放出
2　ブレンステッド	H^+を放出	H^+を受け取り
3　ルイス	電子対を受け取り	電子対を放出

出する物質で, 塩基は水中で水酸化物イオン OH⁻ を放出する物質」である。これは, アレニウスの定義とよばれる。

例えば, 塩酸は水中で電離して

$$HCL \longrightarrow H^+ + Cl^-$$

のように H^+ を放出するので, 酸である。水酸化ナトリウムは水中で電離して

$$NaOH \longrightarrow Na^+ + OH^-$$

のように OH^- を放出するので, 塩基である。

第二の定義は,「酸は H^+ を放出する物質で, 塩基は H^+ を受けとる物質」である。これは, ブレンステッドの定義とよばれる。

例えば, アンモニア NH_3 は気体の塩素と反応し, 塩化アンモニウム NH_4Cl となり, 酸性を打ち消す性質がある。

$$HCl + NH_3 \longrightarrow NH_4^+ + Cl^- \longrightarrow NH_4Cl$$

このように, アンモニアは H^+ を受け取っており, 塩基となる。

第三の定義は,「酸は電子対を受けとる物質(電気対受容体)で, 塩基は電子対を与える物質(電気対供与体)」である。これは, ルイスの定義とよばれる。ブレンステッドは H^+ の授受, ルイスは電子(負電荷)の授受にもとづく定義なので, 授受の方向は反対となる。つまり, H^+ を放出することは, 電子対を受け取ることと同じである。

● ルイス酸とルイス塩基の反応

$$A + :B \rightarrow AB$$
酸　　塩基

(2) 水素イオン濃度とpH

水は, 常温でごくわずかに以下のように電離している。

$$H_2O \rightleftarrows H^+ + OH^-$$

純水においては, 水素イオンのモル濃度 $[H^+]$ と水酸化物

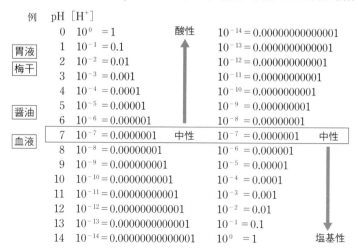

表Ⅱ-5-4　水素イオン濃度pH, $[H^+]$, $[OH^-]$と酸性, 中性, アルカリ性の関係

例	pH	$[H^+]$		$[OH^-]$	
	0	10^0 = 1	酸性	10^{-14} = 0.00000000000001	
胃液	1	10^{-1} = 0.1		10^{-13} = 0.0000000000001	
梅干	2	10^{-2} = 0.01		10^{-12} = 0.000000000001	
	3	10^{-3} = 0.001		10^{-11} = 0.00000000001	
	4	10^{-4} = 0.0001		10^{-10} = 0.0000000001	
醤油	5	10^{-5} = 0.00001		10^{-9} = 0.000000001	
	6	10^{-6} = 0.000001		10^{-8} = 0.00000001	
血液	7	10^{-7} = 0.0000001	中性	10^{-7} = 0.0000001	中性
	8	10^{-8} = 0.00000001		10^{-6} = 0.000001	
	9	10^{-9} = 0.000000001		10^{-5} = 0.00001	
	10	10^{-10} = 0.0000000001		10^{-4} = 0.0001	
	11	10^{-11} = 0.00000000001		10^{-3} = 0.001	
	12	10^{-12} = 0.000000000001		10^{-2} = 0.01	
	13	10^{-13} = 0.0000000000001		10^{-1} = 0.1	
	14	10^{-14} = 0.00000000000001		10^0 = 1	塩基性

イオンのモル濃度[OH⁻]は等しく，両者ともに1.0×10^{-7} mol/L である。水に酸を溶かすと[H⁺]が増加し，塩基を溶かすと[OH⁻]が増加するが，水溶液中の[H⁺]と[OH⁻]の積は一定であり，25℃では1.0×10^{-14}となる。

$$[\text{H}^+][\text{OH}^-] = 一定 = 1.0 \times 10^{-14}$$

酸性が強い場合，[H⁺]は大きくなる。pH は，[H⁺]の指数で酸性，塩基性の強さを表したもので，[H⁺]$= 10^{-n}$ mol/L のとき，pH $= n$ となる。また，[OH⁻]がわかれば，

$[\text{H}^+][\text{OH}^-] = 1.0 \times 10^{-14}$から[H⁺]を求めて pH が導かれる。

中性では，[H⁺]と[OH⁻]が等しく，pH $= 7$

酸性では，[H⁺]が[OH⁻]より大きく，pH < 7

塩基性では，[H⁺]が[OH⁻]より小さく，pH > 7

なお，酸が放出する水素イオン H⁺ は，水中では水分子と結合して，オキソニウムイオン H_3O^+ として存在している（図Ⅱ-5-3）。

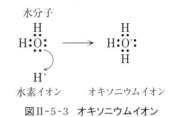

図Ⅱ-5-3　オキソニウムイオン

（3）　電離度

水に溶解して陽イオンと陰イオンを生じることを電離といい，電離する物質を電解質という。例えば，塩化ナトリウム NaCl は，水に溶解してナトリウムイオン Na⁺ と塩素イオン Cl⁻ に電離するので，電解質である。電解質の種類によって，その電離する割合が異なり，電離している電解質の割合を電離度αという。電離度は，0から1の間の値をとる。

$$電離度\,\alpha = \frac{電離している電解質のモル数}{溶解している電解質の全体のモル数}$$

塩酸の場合，水中でほとんどすべて電離しており，電離度αは，ほぼ1となる。酢酸は電離しているのは一部であり，電離度は1よりも小さい値となる。

電離度が1に近い酸や塩基は，それぞれ強酸，強塩基とよばれる。塩酸 HCL は強酸，水酸化ナトリウム NaOH は強塩基である。一部しか電離せず，電離度が小さい酸や塩基は，それぞれ弱酸，弱塩基とよばれ，酢酸 CH₃COOH は弱酸，アンモニア NH₃ は弱塩基である。

酸の1分子から放出できる H⁺ の数を酸の価数という。HClは1価の酸，H₂SO₄は2価の酸である。また，塩基一分子から放出できる OH⁻ の数を塩基の価数といい，NaOH は1価の塩基，Ca(OH)₂は2価の塩基である。

このように酸と塩基の性質は，強酸・強塩基，弱酸・弱塩

基と，それぞれ，1価，2価，3価に分類される（表II-5-5）。

表II-5-5　代表的な酸と塩基

	強　酸	弱　酸
1価	塩酸：HCl 硝酸：HNO_3	酢酸：CH_3COOH フェノール：C_6H_5OH
2価	硫酸：H_2SO_4	炭酸：H_2CO_3
3価		リン酸：H_3PO_4

	強塩基	弱塩基
1価	水酸化ナトリウム：NaOH	アンモニア：NH_3
	水酸化カリウム：KOH	
2価	水酸化カルシウム：$Ca(OH)_2$	水酸化マグネシウム：$Mg(OH)_2$

（4）　中和反応と塩

酸の水溶液と塩基の水溶液を混合すると，それぞれの酸の性質と塩基の性質が打ち消される。この反応を中和という。例えば，塩酸と水酸化ナトリウムが反応して塩化ナトリウムと水を生じる反応は，中和である。

$$HCl + NaOH \longrightarrow NaCl + H_2O$$

中和においては，酸 H^+ のモル数と塩基 OH^- のモル数が等しくなる。H^+ のモル数は，酸の価数，モル濃度，体積から求められ，OH^- のモル数は，塩基の価数，モル濃度，体積から求められる。中和においては，以下の関係が成り立っている。

酸　H^+ のモル数　$[a$ 価 $\times c\,(mol/L) \times V\,(L)]$

$=$ 塩基 OH^- のモル数　$[a'$ 価 $\times c'\,(mol/L) \times V'\,(L)]$

中和により，酸から生じる陰イオンと塩基から生じる陽イオンからなるイオン結合の物質を塩（えん）という。塩は，その組成により正塩，酸性塩，塩基性塩の3種類に分類される。

正塩は，塩化ナトリウムのように酸の H も塩基の OH も残っていない塩である。正塩の水溶液は必ずしも中性になるとは限らない。強酸と強塩基から生じた正塩（例えば塩化ナトリウム）の水溶液は中性であるが，弱酸と強塩基から生じた正塩（例えば炭酸ナトリウム Na_2CO_3）の水溶液は塩基性を示す。また，強酸と弱塩基から生じた正塩（例えば，塩化アンモニウム NH_4Cl）の水溶液は酸性を示す。

酸性塩は，H を含む塩で，硫酸水素カリウム $KHSO_4$ や炭酸水素ナトリウム $NaHCO_3$ などがある。また，塩基性塩は，OH を含む塩で，塩化水酸化マグネシウム $MgCl(OH)$ や塩化水酸化カルシウム $CaCl(OH)$ などがある。

表II-5-6　塩の種類

酸性塩	正　塩	塩基性塩
$KHSO_4$	NaCl	$MgCl(OH)$
$NaHCO_3$	$CaSO_4$	$CaCl(OH)$

●水溶液と酸性・塩基性

酸性塩，塩基性塩はその組成から名づけられたものであり，その水溶液は，酸性，塩基性と一致しない場合もある。例えば，酸性塩である炭酸水素ナトリウムの水溶液は弱い塩基性を示す。

(5) 緩衝液

多くの溶液では，酸や塩基を加えると，pHが大きく変化する。それに対し，酸や塩基を加えてもpHの変化が起こりにくく，pHが一定に保たれる水溶液があり，これを緩衝液という。また，pHを一定に保つ働きを緩衝作用という。

緩衝液は一般に，弱酸とその塩の混合液，または弱塩基とその塩の混合液からなる。

緩衝液の働きを酢酸(弱酸)と酢酸ナトリウム(弱酸の塩)でみてみると，酢酸の電離はわずかであり，ほとんどがCH_3COOHで存在する。酢酸ナトリウムは完全に電離して，CH_3COO^-とNa^+が存在している。ここに酸H^+を加えると，CH_3COO^-が反応して

$$CH_3COO^- + H^+ \longrightarrow CH_3COOH$$

となる。したがって，H^+は増加せず，pHも変化しない。もし塩基OH^-を加えると，CH_3COOHが反応して

$$CH_3COOH + OH^- \longrightarrow CH_3COO^- + H_2O$$

となる。したがって，OH^-は増加せず，pHも変化しない。このような仕組みで，緩衝液では酸を加えても塩基を加えてもpHはほとんど変化しないことになる(図Ⅱ-5-4)。

●生物と緩衝作用

生物は，体内にいろいろな物質を取り込んだ時にpHが大きく変化すると，体内を一定の環境に保つうえで大きな問題となる。また，生体反応が正常に進行しないことになる。実際には生物の中では，血液や体液は緩衝液であり，生体の恒常性が維持されている。酵素が触媒となり生体内の化学反応が進む場合にも，pHが一定に保たれていることが重要である。

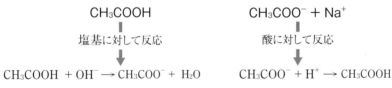

弱酸はあまり電離しない。強塩基(Na^+)の塩は電離度は1に近い

$$CH_3COOH \quad \rightleftarrows \quad CH_3COO^- + H^+$$

$$CH_3COONa \quad \longrightarrow \quad CH_3COO^- + Na^+$$

したがって，緩衝液に含まれる主な成分は以下の3種である。

$$CH_3COOH \qquad\qquad CH_3COO^- + Na^+$$

塩基に対して反応 ↓　　　　　　　酸に対して反応 ↓

$$CH_3COOH + OH^- \rightarrow CH_3COO^- + H_2O \qquad CH_3COO^- + H^+ \rightarrow CH_3COOH$$

図Ⅱ-5-4　酢酸緩衝液の緩衝作用

3　酸化と還元

(1) 酸化還元反応

銅Cuを空気中で加熱すると，酸素と反応し，酸化銅(Ⅱ)となる。

$$2Cu + O_2 \longrightarrow 2CuO$$

この反応のように，物質が酸素と化合する反応を酸化という。また，酸化銅(Ⅱ)を加熱しながら水素と反応させると，銅に戻る。

●酸素と水素の反応

反応相手を還元することは，自分が酸化されるということ。強い還元剤は，きわめて酸化されやすい物質といえる。

$$CuO + H_2 \longrightarrow Cu + H_2O$$

この反応では，CuO は酸素を失っており，還元されている。

酸化還元反応は，酸素と化合したり酸素を失ったりする反応であるが，酸化還元の定義は以下の3つある。

第一の定義では，物質が酸素と化合する反応を酸化，物質が酸素を失う反応を還元という。

第二の定義では，物質が水素を失う反応を酸化，物質が水素と化合する反応を還元という。

$$2H_2S + O_2 \longrightarrow 2H_2O + 2S$$

この反応では，H_2S は水素を失ったので，酸化された。

第三の定義では，原子またはイオンが電子を失うときの反応を酸化，原子またはイオンが電子を受け取る反応を還元されたという。

$2Cu + O_2 \longrightarrow 2CuO$ の反応では，

$2Cu \longrightarrow 2Cu^{2+} + 4e^-$ （Cu は電子を失っている）

$O_2 + 4e^- \longrightarrow 2O_2{}^-$ （O_2は電子を受けとっている）

このため，第三の定義から，Cu は酸化されている。

酸化還元反応は，酸素や水素の授受により説明できるが，電子のやりとりによる反応とみなすことができる。

表II-5-7　原子の酸化数の増減

酸化数増 酸化		酸化数減 還元
得る	←酸素	失う
失う	水素→	得る
失う	電子e⁻→	得る

(2)　酸化剤，還元剤

酸化還元反応において，相手の物質を酸化する物質を酸化剤といい，酸化剤自身は還元されやすい物質である。また，相手の物質を還元する物質を還元剤といい，還元剤自身は酸化されやすい物質である。

生物は空気中の酸素を利用して生命活動に必要なエネルギーを得ているが，酸素は，ほかの物質を酸化する能力が高い活性酸素に変化することがある。

(3)　金属のイオン化傾向

単体の金属が，水または水溶液中で電子を失い陽イオンになる性質を，金属のイオン化傾向という。イオン化傾向の大きな金属は，電子を失いやすく（陽イオンになりやすく），酸化されやすい（強い還元剤となる）。白金(Pt)や金(Au)などのイオン化傾向の小さな金属は，酸化されにくく，自然界に単体で存在する。イオン化傾向の大きな順に金属を並べたものをイオン化列という（図II-5-8）。

イオン化傾向の大きな Li, K, Ca, Na は常温の水と反応す

● 活性酸素と抗酸化剤

活性酸素は，強い酸化剤である。活性酸素が体内に過剰になると，細胞に傷害を与える。これが，がんや心血管疾患，生活習慣病などの様々な疾病の要因となる。そのため，生体内では活性酸素の害から生体を防御する抗酸化防御機構が備わっている。この防御機構には，食べ物から摂取されるビタミン類などの抗酸化物質も関与していることが示されている。抗酸化物質は還元剤で，活性酸素を還元して無害なものにすると同時に，自らは酸化される。

る。これらの金属は空気中で水と激しく反応するため，石油中に保存する必要がある。これよりイオン化傾向が小さくなると，沸騰水，高温の水蒸気とのみ反応するようになり，Niとそれよりイオン化傾向が小さいと水とは反応しない。Ni，Sn，Pb は，希硫酸，塩酸に溶けるが，これよりイオン化傾向が小さい Cu，Hg，Ag は一般の酸とは反応しないが，熱濃硫酸，硝酸には溶ける。さらにイオン化傾向の小さい Pt や Au は，王水(濃塩酸と濃硝酸を体積比3：1で混合した液体)にのみ溶ける。

● イオン化傾向の大きい金属

イオン化傾向大
 ≒陽イオンになりやすい
 ≒酸化されやすい
 ≒強い還元剤

強い還元剤は，空気，水，酸と激しく反応する。

大 ←——————— イオン化傾向 ———————→ 小

	Li, K, Ca, Na	Mg	Al, Zn, Fe	Ni, Sn, Pb	H₂, Cu, Hg	Ag	Pt, Au
水との反応: 常温の水と反応する $H_2\uparrow$	●						
水との反応: 沸騰水と反応する $H_2\uparrow$	●	●					
水との反応: 高温の水蒸気と反応する $H_2\uparrow$	●	●	●				
酸との反応: 希硫酸・塩酸に溶ける $H_2\uparrow$	●	●	●	●			
酸との反応: 熱濃硫酸・硝酸に溶ける	●	●	●	●	●	●	
酸との反応: 王水*に溶ける	●	●	●	●	●	●	●
乾燥空気との反応: 常温ですぐ酸化される / 常温で表面に酸化被膜ができる	常温ですぐ酸化される		常温で表面に酸化被膜ができる				
乾燥空気との反応: 加熱により酸化される	●	●	●	●	●		
自然界での産出状態: 化合物として存在	化合物として存在						
自然界での産出状態: 単体として存在					単体として存在		

注) 水素は陽イオンになるので比較のために入れた。

*濃塩酸と濃硝酸とを体積比3：1で混合した液体

図II-5-8　イオン化列と金属の反応性

6章　エネルギーと電磁波

　エネルギーは，物理的な仕事をする能力だけでなく，生物が活動するためにも不可欠である。また，ヒトは火を使うことによって寒さを防ぐだけでなく，様々な調理に火を使い，それによって食べ物の消化性を向上させることができた。現代では，ヒトは様々な電磁波を生活に利用しているが，電磁波もエネルギーを持っている。このように，エネルギーの理解は，栄養や食品，私たちの生活にも関連してくる。

1　エネルギーと熱量

(1)　エネルギー

　エネルギーは，「仕事」をする能力と定義され，エネルギーが及ぼす作用が仕事である。仕事をするとエネルギーが減り，仕事を受け入れた物質はエネルギーが増える。ある高さにある物体は，地上に至るまでに重力に作用されて仕事をすることから，位置エネルギーをもつ。また，運動している物体は運動エネルギーを持つ。電気，光，熱は，それぞれ仕事をする能力を有し，エネルギーである。

　生物が生命を維持するには，エネルギーを獲得する必要がある。エネルギーを得る方法は，呼吸の他，植物の光合成，微生物の発酵がある。呼吸によって，食物から得た有機化合物が酸化され，この酸化反応により生物はエネルギーを獲得している。このような生体内での反応は，酵素などのはたらきにより調節されている。

(2)　熱　量

　高温の物質と低温の物質を接触させると，熱の出入りがある。また，化学変化などでは発熱や吸熱などの熱の出入りがある。「熱」として物質に出入りするエネルギーを熱エネルギーといい，移動した熱エネルギーの量を熱量という。

　同一物質で同じ温度のものが2つあった場合，それぞれの質量が異なればその分子運動の総エネルギーも異なる。一方が他方の2倍量あれば，その分子運動の総エネルギーは2倍で，熱量も2倍となる。温度と熱量について考えてみると，

沸騰した水は量にかかわらずその「温度」は100℃であるが，「熱量」は，水の量が増えるほど増える。これは「熱量」が「エネルギーの合計」であり，「温度」が「平均のエネルギー」を指しているからである。

熱量の単位は，エネルギーの単位であるJ（ジュール）である。また，cal（カロリー）という単位も栄養分野などでは使用される。1calは，水1gを4℃から1℃上昇させるエネルギーである。カロリーとジュールの関係は，

　1,000 cal = 1.00 kcal = 4.18 kJ

となる。カロリーは国際単位系には含まれず，日本の計量法でも使用が制限されている。

物質1gの温度を1K（ケルビン）上昇させるのに必要な熱量を比熱［単位は，J/(g·K)］という。比熱は，物質により特有な値となり，水は4.18J/(g·K)である。比熱は物質ごとの温まりにくさ，冷めにくさを表している。水は，比熱が大きいため，温まりにくく冷めにくい物質である。鉄の比熱は，0.435J/(g·K)と小さく，温まりやすく，冷めやすい。

比熱c[J/(g·K)]，質量m[g]の物質の温度をT[K]上げるために必要な熱量Q[J]は，以下の式で表される。

$$Q[\text{J}] = m[\text{g}] \times c[\text{J}/(\text{g·K})] \times T[\text{K}] = mcT[\text{J}]$$

2　熱の伝わり方

熱は，温度の高い方から低い方へと移動する。熱の伝わり方は伝導・放射・対流という3通りがある。伝導と放射は物質の移動なしに，熱エネルギーが伝えられる。対流は物質の移動によって熱を伝える。

(1)　伝　導

熱湯を金属コップに入れると金属の温度も上がる。激しく運動する水分子が接触面で金属原子に衝突することにより，熱エネルギーが金属に伝わった結果である。温度差のある物体を触れあわせると，高温物体の熱が，低温物体に伝わる。このような熱の伝わり方を伝導という。

銅製の調理器具は熱を伝えやすい。熱の伝わりやすさを表す物理量として，単位時間に単位面積を通過する熱エネルギー（熱流束密度）を温度勾配で割った熱伝導率がある。表Ⅱ-6-1からわかるように，銅は熱伝導率が高い。金属は自由電子の存在により，熱エネルギーの伝達は容易なため，熱伝

●比　熱

比熱は物質ごとの温まりにくさ，冷めにくさを比較する数字。水は大きく，金属は小さい。

表Ⅱ-6-1　物質の熱伝導率 [W/m·K]

物　質	温度(℃)	熱伝導率
空　気	5	0.025
木材(杉)	27	0.069
ガラス坂	27	1.03
水	27	0.61
ステンレス	27	27.0
鉄	27	80.3
アルミニウム	27	237
銅	27	398

●銅製の卵焼き器

卵焼き器として銅製のものが好まれるのは，底面や側面など場所による温度差が小さく，均一に近い加熱となるため，卵がきれいに焼けるからである。

導率が高くなる。

　外部からのエネルギーの出入りを遮断しておけば，接触する物質間の温度差はなくなる。分子や原子の運動エネルギーが等しくなり，見かけ上の熱移動がない状態である。この状態を熱平衡という。

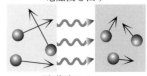

放　射
電磁波を出す

電磁波による
熱エネルギーの移動

（2）　放　射

　太陽の熱エネルギーは，短時間で地球に届く。熱は真空中でも伝わるからである。地球を暖めているのは，太陽の発する電磁波である。電磁波が空間を飛んで，エネルギーを対象物にあたえる熱の伝わり方を放射という。分子や原子の運動が完全に止まる絶対零度の条件を除けば，赤外線はすべての物体から発せられている。物質は表面から，その温度に応じた赤外線を発し，温度上昇によって発する赤外線の量は増える。炭火焼きは，高温の炭が発する赤外線などが食材を熱している放射の一例である。

対　流
密度差による
気体，液体の流動

加熱

（3）　対　流

　風呂の加熱は，風呂の一部を熱するだけである。液体や気体の一部を熱すると，その部分は高温のため密度が低くなって上部に向かい，低温の部分は密度が高いため下方に向かって移動する。このような液体あるいは気体の循環運動による熱の伝え方を対流という。

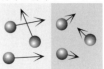

伝　導
分子が分子にぶつかる

分子運動による
熱エネルギーの移動

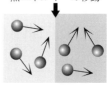

熱平衡：同じ温度になる

図II-6-1　熱の伝わり方

3　電磁波

　光は真空中を1秒間に約30万km進む。電波や光は，電磁波と呼ばれる空間を伝わる波であり，その性質は波長によって決まる。ヒトが目で見ることができる光を可視光線と呼ぶが，それよりも波長が長かったり，短かったりする電磁波は感知することができない。電磁波は波長の長い方から，電波，赤外線，可視光線，紫外線，X（エックス）線，γ（ガンマ）線と名付けられている（図II-6-2）。

（1）　波長とエネルギー

　電磁波の速度は，真空中では一定であり，この速度をcとすると，波長λ（ラムダ）と振動数ν（ニュー）には以下の関係が成り立つ

$$c = \lambda \times \nu, \quad \lambda = \frac{c}{\nu}$$

電磁波のもつエネルギーは，振動数に比例し，波長に反比例する。したがって，振動数の大きなγ線のエネルギーは大きく，振動数の小さな電波のエネルギーは小さい。

電磁波は物体にあたると一部は吸収，一部は反射または透過する。反射，透過，吸収の比率は，電磁波の波長と当たった物質の特性により決まる。植物の光合成などは，可視光線のある波長の光が吸収され，それがエネルギーとなって化学反応が起こっている（図II-6-3）。

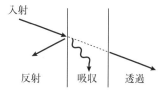

入射エネルギー
＝反射エネルギー＋吸収エネルギー
　　　　＋透過エネルギー

図II-6-3　電磁波が物体にあたると

（2）　可視光線，赤外線，紫外線

①　可視光線

可視光線は，波長が380 nm から780 nm までの，目に見える光である。これより波長が短いものも，長いものもヒトの目では見ることができない。可視光線の中で波長が最も短い

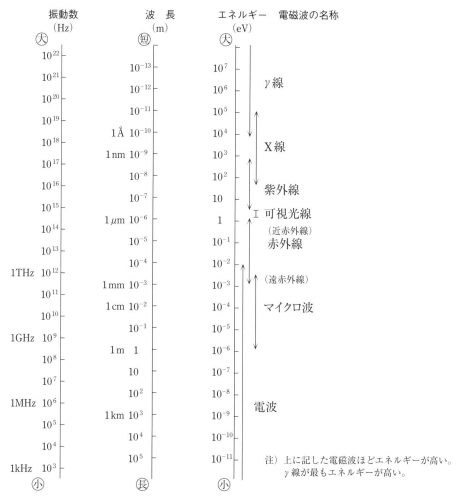

注）上に記した電磁波ほどエネルギーが高い。
　　γ線が最もエネルギーが高い。

図II-6-2　電磁波の種類

ものが紫色の光で，波長が最も長いものが赤色の光である。太陽光をプリズムに通すと，屈折した光が波長によって分けられ，様々な波長の光は，それぞれ色をもっている。また，様々な波長の光が合わさると，白色光となる。

私たちはものを見るとき，照明のように自ら発光するものは，発せられた波長の光を見ており，それ以外の物体の色では，反射された光を認識している。物体の色は，可視光線をすべて反射すれば白，すべて吸収すれば黒と，視覚がとらえる。

植物の葉が緑色に見えるのは，葉緑素が紫や赤の波長の光を吸収し，緑色の波長の光を反射しているためである。植物に吸収された波長の光は，光エネルギーとして光合成に利用される。生体中のそのほかの色素や，化学的に合成された色素も，私たちが見ている色の波長の光を反射して，それ以外の波長の光を吸収している。

② 赤外線

赤外線の波長は，電波よりも短く，可視光線よりも長い（800 nm ～1,000 nm）。物体にあたって吸収されると熱エネルギーに変わりやすく，熱線とも呼ばれる。赤外線の中でも波長が長いものは，遠赤外線といい，吸収された物質に熱を与える効果が高く，調理器具や暖房器具に利用される。

③ 紫外線

紫外線の波長は，可視光線よりも短く（100 nm ～380 nm），エネルギーが大きい。物質に化学反応を起こさせやすく，殺菌に利用できる。ただし，紫外線は透過力が弱いため，照射された物質の表面でのみ効果がある。また，体内でビタミンDを生成するのに必要であるが，大量にあびると皮膚の細胞のDNAに損傷を与えて皮膚がんの原因となる。

（3） γ線，X線

波長が短いγ（ガンマ）線やX（エックス）線は，物質との相互作用が少なく，物質を透過しやすい。

γ線は，放射線の一種である。日本では，ジャガイモの発芽抑制のためにγ線を照射することが許可されている。

X線は，ドイツのレントゲンによって発見され，強い透過力を利用して，人体や金属などの内部を調べて撮影することに利用されている。

●単位の大きさ

k（キロ）は1,000（10^3）倍を示す。

大きい方の単位から，

T（テラ）は 10^{12}
G（ギガ）は 10^9
M（メガ）は 10^6
k（キロ）は 10^3
c（センチ）は 10^{-2}
m（ミリ）は 10^{-3}
μ（マイクロ）は 10^{-6}
n（ナノ）は 10^{-9}

ナノテク（ナノテクノロジーの略）は，物質をナノメートル（10^{-9}m）のスケールの原子や分子レベルで扱う技術である。

●植物の葉の緑

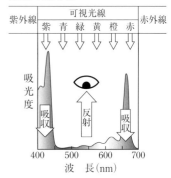

図II-6-4　葉緑素の光の吸収

注〕葉緑素に吸収された光は，光合成のエネルギーになる。吸収できない緑領域付近の光は，反射されて見える。

●放射線の種類

ウランやラジウムなどの放射能を持つ原子核は，放射線を出しながら，自然に他の原子核に変わっていく。代表的な放射線には，α（アルファー）線，β（ベータ）線，γ（ガンマ）線がある。α線は，ヘリウム原子核の流れ，β線は，飛び出した電子の流れであり，これらは粒子線である。γ線は，振動数が大きい（エネルギーが高い）電磁波である。

第Ⅲ編
無機物質

7章　非金属元素とその化合物

　非金属元素には，陽イオンになりやすい水素と，イオンになりにくい貴ガス(英語で rare gas の「希ガス」と表記されていたが，英語で noble gas と改められたことに対応して，「貴ガス」と表記されるようになった)が含まれ，それ以外の元素は電気陰性度が大きく陰性である。ハロゲン元素は，金属や水素と化合しやすい。電気陰性度が比較的小さな非金属元素である炭素，リン，硫黄は，ハロゲン元素のような化合物をつくりにくいが，酸素と化合しやすく酸性酸化物を生成する。

● 酸化物

　酸化物は，3種類に分類される。

　非金属元素の酸化物は，酸性酸化物で，水に溶解して酸性を示し，塩基と中和反応する。金属元素の酸化物は，塩基性酸化物で，水に溶解し塩基性を示し，酸と中和反応する。また，金属元素と非金属元素の境に位置する両性元素の酸化物は，両性酸化物といい，酸・強塩基のいずれとも中和反応する。

1　水　素

　水素 H は，周期表の1族の元素である。水素を除く1族の元素はアルカリ金属とよばれ，水素とは性質がまったく異なる。水素は，水や有機化合物の構成元素である。

　単体の水素は二原子分子 H_2 で，常温で無色・無臭の気体で，水に溶けにくい。H_2 は酸素と反応し多量の熱を発生して水 H_2O を生成する。高温では酸化物から酸素を奪う性質があり，還元剤として用いられる。

H−H　水素

H−O−H　水

2　炭　素

　炭素 C は，14族の元素で，原子は4個の価電子をもち，一般にメタン CH_4 などの共有結合の化合物をつくる。炭素は，有機化合物の構成元素である。単体の炭素は，ダイヤモンドや黒鉛のように共有結合の結晶と，木炭や活性炭のような無定形炭素がある。活性炭は多孔質で吸着力が大きいため，脱臭剤や脱色剤に用いられる。

　炭素の酸化物には，一酸化炭素 CO と二酸化炭素 CO_2 がある。一酸化炭素は，無色・無臭で，有毒な気体である。二酸化炭素は無色・無臭の気体で，水に比較的よく溶け，弱酸性を示す。固体はドライアイスとよばれ，冷却に使用される。

```
    H
    |
H−C−H　メタン
    |
    H
```

　ダイヤモンドは炭素原子が共有結合してできた巨大な単分子結晶

　無定形炭素は，種々の物質を吸着する性質がある。活性炭は脱臭剤や吸着剤に用いられる。

O＝C＝O　二酸化炭素

3　窒素とリン

　窒素NとリンPは15族の元素で，原子は5個の価電子を
もち，一般に共有結合の化合物をつくる。窒素はタンパク質
の構成元素である。

　単体の窒素は二原子分子N_2で，空気の約78%を占める無
色・無臭の気体である。常温では化学反応をほとんど起こさ
ないが，高温では活発になり，化合物をつくる。例えば，水
素と化合してアンモニアNH_3となり，酸素と化合して一酸
化窒素NOや二酸化窒素NO_2となる。アンモニアは強い刺
激臭をもつ気体で，水にきわめてよく溶けて弱塩基性を示
す。アンモニアは，工業的には触媒を用い窒素と水素を高圧
で直接反応させて製造する。

　リンはリン酸塩の形で産出するが，天然に単体では存在し
ない。リンは，核酸の構成元素であり，リン酸化合物は，
骨，歯，血液などあらゆる組織に分布している。リンの同素
体には，黄リン，赤リンなどがあり，黄リンは自然発火す
る。リンを燃焼させると，酸化物である十酸化四リンP_4O_{10}
の白煙を生じる。P_4O_{10}を水に溶かして加熱すると，リン酸
H_3PO_4が得られる。リン酸の水溶液は，中程度の強さの酸
である。

$N \equiv N$　窒素

$H-\overset{\displaystyle |}{\underset{\displaystyle H}{N}}-H$　アンモニア

$N = O$　一酸化窒素

$O = N = O$　二酸化窒素

$H-O-\overset{\displaystyle O}{\overset{\|}{\underset{\underset{\displaystyle H}{|}}{\underset{O}{P}}}}-O-H$　リン酸

　成人の体内には約600gのリンP
が存在する。その80%はカルシウ
ムCaと結合して骨組織に，15%は
筋肉に分布している。

$4P + 5O_2 \rightarrow P_4O_{10}$
$P_4O_{10} + 6H_2O \rightarrow 4H_3PO_4$

4　酸素と硫黄

　酸素Oと硫黄Sは16族の元素で，価電子6個をもち，電
子2個を取り入れて2価の陰イオンになりやすい。酸素は，
水や有機化合物の構成元素である。

　単体の酸素は二分子原子O_2で，無色・無臭の気体であ
り，空気の体積の約21%を占める。植物は，光合成によっ
て酸素をつくる。いろいろな物質と反応して酸化物をつく
る。酸素に紫外線を当てるなどすると，オゾンO_3に変化す
る。オゾンは特有のにおいがある淡青色の気体であり，強い
酸化作用，殺菌作用をもつ。

　硫黄はタンパク質の含硫アミノ酸(メチオニン，システイ
ン)の構成元素である。単体の硫黄は，火山帯で産出する。
また，石油中の硫黄分を除去する際に多量に得られる。硫黄
は高温では反応性が高く，金，白金を除く多くの元素と化合
して硫化物となる。空気中で燃焼すると二酸化硫黄SO_2と
なる。二酸化硫黄は無色で刺激臭のある有毒な気体で，水に

$O = O$　酸素

　反応性の高さは，同じ第15族の
酸素と似ている。

$O = S = O$　二酸化硫黄

$H-O-\overset{\displaystyle O}{\overset{\|}{S}}-O-H$　亜硫酸

溶けて亜硫酸 H_2SO_3 を生じ，弱酸性を示す。また，亜硫酸塩は，食品添加物の漂白剤，保存剤としても使用される。

$$S + O_2 \rightarrow SO_2$$
$$H_2O + SO_2 \rightarrow H^+ + HSO_3^-$$

5 ハロゲン

フッ素 F，塩素 Cl，臭素 Br，ヨウ素 I は，いずれも17族に属し，ハロゲン元素とよばれる。ハロゲンの原子は，価電子が7個で，1価の陰イオンになりやすい。ハロゲンの単体は，いずれも二原子分子で，有色・有毒である。原子番号が大きくなるにしたがって，沸点・融点が高くなり，反応性・酸化力は小さくなる。

原子番号の最も小さいフッ素は最大の酸化力を有する。フッ素は，虫歯の発生予防に利用されている。

単体の塩素 Cl_2 は，刺激臭のある黄緑色の気体である。塩素を水に溶かしたものが塩素水で，溶けた塩素の一部が水と反応して次亜塩素酸 HClO を生じる。塩素，次亜塩素酸は共に強い酸化力を持ち，漂白や殺菌に用いられる。また，塩素は飲料水の殺菌に用いられる。

$$Cl_2 + H_2O \longrightarrow HCl + HClO$$

塩素はイオンとして血液に含まれ，細胞外では NaCl として，細胞内では大部分が KCl として存在する。胃内では HCl の形で胃酸として存在する。

臭素 Br_2 は，常温で赤褐色の液体で，沸点が低く，有毒な蒸気を発生する。臭素はわずかに水に溶けて臭素水となり，殺菌，漂白作用をもつ。

単体のヨウ素 I_2 は，常温では黒紫色の昇華性の結晶である。水に溶けにくいが，エチルアルコールやヨウ化カリウム溶液に溶ける。デンプン水溶液にヨウ素溶液（ヨウ素のヨウ化カリウム溶液）を加えると，青紫色を呈する。この反応をヨウ素デンプン反応といい，ヨウ素，およびデンプンの検出に利用される。ヨウ素は甲状腺ホルモンの構成元素であり，人体中のヨウ素の70〜80％は甲状腺に存在する。

Cl－Cl　塩素

最外殻の電子が7個のため，1個の電子を受け取って陰イオンになりやすい。

H－O－Cl　次亜塩素酸

塩化水素 HCl は気体であり，共有結合の化合物である（H－Cl）。水に溶かすと塩酸となり，H^+ と Cl^- のイオンとなる。濃塩酸は約35％の塩化水素を含む。胃酸は薄い塩酸といえる。

Br－Br　臭素

I－I　ヨウ素

表III-7-1　ハロゲンの性質

名　称	分子式	常温の状態	色	酸化力	水との反応性	水素化合物
フッ素	F_2	気体	淡黄色	強	大	HF（弱酸）
塩　素	Cl_2	気体	黄緑色	↑	↑	HCl（強酸）
臭　素	Br_2	液体	赤褐色			HBr（強酸）
ヨウ素	I_2	固体	濃紫色	弱	小	HI（強酸）

6　貴ガス

　ヘリウム He，ネオン Ne，アルゴン Ar などは，18族の元素で，これらはいずれも気体で，貴ガス元素とよばれる。貴ガスはすべて，1個の原子が分子として存在する単原子分子である。貴ガス原子の電子配列は，価電子0とみなされ，安定しており，化学的に不活発である。不活性ガスともよばれ，ほとんど化合物をつくらない。

　ヘリウムはすべての物質中で沸点・融点が最も低い。超低温で液体ヘリウムとなり，超低温用の冷媒として利用される。また，ヘリウムガスは軽くて不燃性であり，気球などにも使用される。

　ネオンやアルゴンを封入した管を放電させると，赤色光や青色光を発するので，ネオンサインとして用いられる。

●単原子分子
　単体はすべて単原子分子であり，融点・沸点が非常に低い。

tea break　**太古にはなかった酸素，それが増大して……**

　　生命が誕生した時代の大気の酸素濃度は，10兆分の1ぐらいと考えられる。地球には酸素がないに等しい状態であった。酸素は活性に富み，ほとんどの元素と化合して酸化物となる。生物の体は，還元的な有機化合物でできている。太古の生命にとって，無酸素は酸化の脅威がない好環境であった。ところが，約30億年前に光合成を行う生物（藍藻）が出現する。光合成は，二酸化炭素と水から，糖と酸素をつくる。光合成により，まず水中に，さらには大気中に大量の酸素が放出された。当時の生物からすれば，環境の大破壊。増大した酸素が原因で，多くの生物種が絶滅したと考えられる。その元凶の酸素を，呼吸というシステムで利用する生物が現れた。爆発の危険もあるガソリンは，薪より優れたエネルギー資材である。同様に，酸素利用はエネルギー獲得の効率もよい。呼吸する生物は大発展。当然，彼等は抗酸化の仕組みも備えている。また，大気中に放出された酸素は，紫外線と反応してオゾン（O_3）をつくった。成層圏に形成されたオゾン層は，生物に有害な紫外線をさえぎる。オゾン層の形成により，動植物の陸上への進出は可能となった。

8章　金属元素とその化合物

金属元素は単体として金属をつくる元素の総称である。単体の金属は，金属原子が規則正しく配列し，金属結合している。金属結合では，原子の間を動き回る自由電子があるため，熱や電気の伝導性が大きい。また，光沢があり，薄く広がる性質や線状に延びる性質がある。

金属原子は電子を放出しやすく，陽イオンになりやすい。その酸化物の多くは，塩基性酸化物で，水と反応して塩基を生じる。

イオン化傾向の小さな金，白金は，単体が自然界から得られるが，通常は酸化物，硫化物，炭酸塩などの金属化合物の形で鉱石中に存在し，これらを還元して遊離の金属を得ている。

●物質の分類

物質は以下の3種に分類することもできる。

①原子からなる物質；金属，共有結合の結晶（ダイヤモンドなど）
②分子からなる物質；ショ糖など。
③イオンからなる物質；塩化ナトリウムなど。

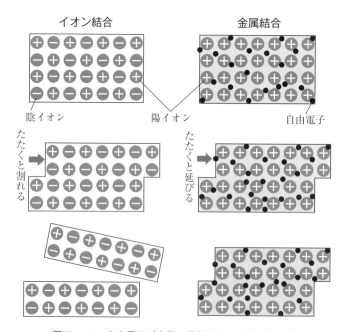

図III-8-1　自由電子が金属の柔軟な変形を可能にする

1　ナトリウム，カリウム

ナトリウム Na，カリウム K は1族元素で，水素を除く1族元素をアルカリ金属元素といい，密度が小さく融点が低い性質がある。アルカリ金属は，価電子は1個であり，イオン化傾向が大きいため，一価の陽イオンになりやすい。

ナトリウム，カリウムいずれも，常温の水と激しく反応して水素を発生し，水酸化物の水溶液となり強い塩基性を示す。

$$Na + 2H_2O \longrightarrow 2NaOH + H_2\uparrow$$

アルカリ金属の水酸化物には，水酸化ナトリウム NaOH，水酸化カリウム KOH などがあり，いずれも白色の固体で水によく溶ける。これらの水溶液は，強い塩基性を示し，皮膚や粘膜をおかすので，付着した場合は十分な水洗いが必要である。水酸化物の固体や水溶液は，二酸化炭素を吸収して炭酸塩を生じる。

$$2NaOH + CO_2 \longrightarrow Na_2CO_3 + H_2O$$

生体内では，ナトリウムは細胞外液の主要な陽イオンで，浸透圧の維持，酸・塩基平衡を維持する役割を果たす。カリウムは，細胞内液の浸透圧を一定に保つはたらきがあり，また，神経の興奮性や筋肉の収縮に関わっている。カリウムは，ナトリウムを身体の外に出しやすくする作用があるため，塩分の摂り過ぎを調節するのに役立つ。

●反応性の高い金属

金属ナトリウムや金属カリウムは，反応性が高いので，石油などの中に保管する。

2 マグネシウム，カルシウム

マグネシウム Mg とカルシウム Ca は2族元素で，2族元素はアルカリ土類金属という（このうち，ベリリウム Be とマグネシウムを除いたものをアルカリ土類金属とすることもある）。価電子は2個であり，2価の陽イオンになりやすい。

アルカリ土類金属の酸化物は，塩基性酸化物であり，水と反応して水酸化物になる。

$$CaO + H_2O \longrightarrow Ca(OH)_2$$

アルカリ土類金属の水酸化物には，水酸化カルシウム $Ca(OH)_2$ などがあり，強塩基性で，固体や水溶液は二酸化炭素を吸収して炭酸塩になる。水酸化カルシウムは消石灰とよばれ，土壌の pH 調節にも使用される。炭酸カルシウム $CaCO_3$ は，石灰石や大理石の主成分である。

●生石灰の発熱反応

この反応は，弁当や缶入り酒を暖めるのに使われている。紐を引くと生石灰と水が混合して発熱する商品もある。火も不用で，煙も出ない。

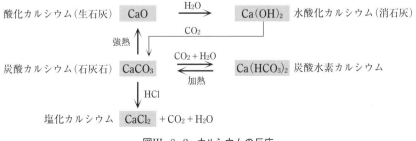

図III-8-2　カルシウムの反応

$$Ca(OH)_2 + CO_2 \longrightarrow CaCO_3 + H_2O$$

酸化カルシウム CaO は生石灰とよばれ，石灰石 $CaCO_3$ を焼いてつくられる。生石灰は水と反応すると多量の熱を発生する。また，乾燥剤として使用される。

$$CaCO_3 \longrightarrow CaO + CO_2$$

生体内では，カルシウムの99％は，リン酸カルシウム $Ca_3(PO_4)_2$ や炭酸カルシウム $CaCO_3$ として骨に存在し，それ以外にも歯，皮膚，血液などに存在し，人体内では4種の主要元素に次いで5番目に多い元素である。

マグネシウムの体内の量は，カルシウムの2％程度である。体内のマグネシウムの約70％は骨組織に存在し，筋肉組織では，カルシウムよりマグネシウムの濃度が高い。また，マグネシウムは，骨の健康維持と，多くの酵素反応に必要な元素である。

海水から食塩の結晶をつくると，あとに苦い液体が残り，これが「にがり」である。にがりの主成分は塩化マグネシウム $MgCl_2$ で，豆腐の凝固剤として使用される。

● 炎色反応と元素の検出

アルカリ金属やアルカリ土類金属などの化合物をガスバーナーなどで熱すると，各金属に特有の炎の色を示す。この現象を炎色反応という。

炎色反応は，金属の定性分析（どの種類の金属が含まれているかを分析する）に利用されている。

花火の色は炎色反応を利用しており，色と使用する金属との関係は，以下のようなものがある。
赤：リチウム，黄：ナトリウム，
紫：カリウム，橙：カルシウム，
紅：ストロンチウム，緑：バリウム

3　鉄，銅

周期表の3〜11族の元素を遷移元素という。遷移元素はすべて金属元素である。遷移元素の最外核電子は1個または2個であまり変化せず（表I-2-3参照），周期表の隣り合う元素と性質が似ている（遷移元素でないものは，典型元素で，典型元素は族ごとに固有の性質を示す）。

鉄は，8族に属する金属で，Fe^{2+} と Fe^{3+} の2種類のイオンがある。Fe^{2+} は酸化されやすく，空気中の酸素によって酸化されて Fe^{3+} となる。酸化鉄(II)は，FeO で，黒色粉末である。酸化鉄(III)は，Fe_2O_3 で，鉄を強く熱してつくられ，ベンガラとよばれる赤色粉末である。

鉄の吸収は，主として小腸の上部で行われ，Fe^{2+} は吸収されるが，Fe^{3+} はそのままでは吸収されない。そのため，Fe^{3+} はビタミンCなどにより Fe^{2+} に還元されてから吸収される。

鉄はヘモグロビン，ミオグロビンなどの色素や各種酵素の構成成分であり，欠乏によって貧血などの障害が生じる。

銅は，11族に属する金属で，Cu^+ と Cu^{2+} の2種類のイオンがある。黒色の酸化銅(II)CuO は，加熱により赤色の酸化銅(I)Cu_2O となる。

銅は，生体内分布の約65％が筋肉や骨にあり，約1割が肝

● 遷移元素と典型元素

遷移元素でないものは典型元素（12ページ参照）。

典型元素は族ごとに固有の性質を示す。

遷移元素は周期表で隣り合う元素に似る。

似ているのは，
　↑典型元素↓　同族
　←遷移元素→　お隣り

臓に分布している。また，酵素，たんぱく質などの生体構成
成分に結合している。

4 金属錯体

　金属錯体とは，分子の中心に金属，金属イオンが存在し，
それを取り囲むように非共有電子対をもつ配位子とよばれる
ものからなる化合物である。
　葉緑素は，中心金属がマグネシウムイオンで，ヘモグロビ
ンは中心金属が鉄(II)イオンである。これらは生物に不可欠
な金属錯体であり，有機化合物，無機化合物のどちらとも異
なる特性をもつ。

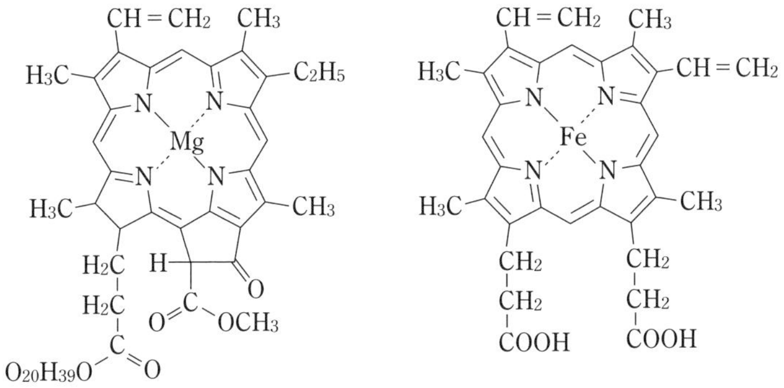

図III-8-3　葉緑素の一種クロロフィルa(左)とヘモグロビンの中のヘムb(右)

☕ *tea break* 　ミネラルの形態と吸収

　カルシウムと鉄は日本人に不足しがちなミネラルである。どちらも食べ方によって，体内で
の吸収率が変わる。食品中の存在形態や，共存する食品成分が異なるためである。牛乳にはカ
ゼインというカルシウムと結合するタンパク質がある。カゼインは優れた乳化剤(30ページ参
照)であり，カルシウムは牛乳中で安定した分散状態となっている。また，カゼインは腸管での
吸収率も高めている。青菜はカルシウムと結合しやすい有機酸を含む。しかし，そのカルシウ
ム塩は不溶性であり，消化管では吸収されにくい。そのため，カルシウムの吸収率は牛乳が約
50%，青菜では約18%程度と大きな差が出る。
　鉄も，一般的には動物性食品の方が，植物性食品より吸収率が高い。動物性食品に含まれる
鉄は，図III-8-3のような形態で，ヘム鉄とよばれる。植物性の非ヘム鉄に対して，ヘム鉄の吸
収率は2〜3倍とされている。ビタミンCは非ヘム鉄の吸収は高めるが，茶や野菜に含まれる
ポリフェノールなどは非ヘム鉄の吸収を妨げる。同量の鉄を含んだ食事でも，料理の組み合わ
せ次第で，鉄の吸収量は変わってくることになる。

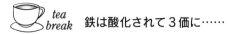 **tea break　鉄は酸化されて３価に……**

　Fe^{2+}は酸化されて，３価のイオンFe^{3+}となる。これは陽イオンの価数が１つ増えているので，陰電荷（－）をもつ電子が１つ減っていることになる。酸化・還元と電子の授受の関係（39ページ　表Ⅱ-5-7）がわかりにくければ，

　「鉄は**酸化されて３価に**」（**酸化**は（＋）が増える）＝「酸化は**電子（－）が減る**」

というコジツケで覚えてしまう方法もある。

　Fe^{3+}とFe^{2+}では腸内の吸収率がちがう。Fe^{3+}が吸収されにくいのは，溶解度が低いためである。還元剤であるビタミンＣは，Fe^{3+}をFe^{2+}に還元することにより，鉄の溶解度を高め吸収を促進する（54ページ）。

　酸素はいろいろな物質と反応して，酸化物をつくりやすい。大気中に酸素が豊富な現在の環境では，地表鉱物に含まれる鉄は，酸化をまぬがれない。黄鉄鉱（FeS_2）の鉱床は，新しいものでも20億年以上も前のものである。酸素が乏しい環境で形成された物質であり，酸素が大気中に増えたあとは，黄鉄鉱は地表では存在できなかった（51ページ tea break 太古にはなかった酸素，も参照）。

　大気中の酸素は，鉄を酸化してさびさせるとはいえ，酸素種の中では反応性の低い酸素である。しかし，酸素は条件次第で電子の配置がかわり，きわめて反応性の高い酸素ラジカルとなる。ラジカル（radical）は過激派の意味もある。酸素ラジカルは体内で分子レベルの破壊活動を行い，老化やガンの原因となる。もちろん，身体の側にも酸素ラジカルに対抗する抗酸化の仕組みがある。しかし，万全の仕組みとは言い難い。食品成分のビタミンＣ，ビタミンＥ，各種のフェノール性化合物などは，酸素ラジカルと反応して無害化する抗酸化作用がある。老化予防，ガン予防のためにも，これらの抗酸化成分が豊富な野菜を十分に摂ることが望ましい。

第Ⅳ編
有機化合物と水

9章　有機化合物の特徴と構造

1　有機化合物の特徴

　有機化合物は，元来，生命をもつ動物や植物などの有機体からのみ得られる化合物と考えられていたため，有機化合物と称されていた。現在は，構成元素として炭素を含む化合物を有機化合物と総称している。ただし，例外として，一酸化炭素(CO)，二酸化炭素(CO_2)，炭酸(H_2CO_3)，炭酸カルシウム($CaCO_3$)などがあり，これらは無機化合物として扱われる。

　有機化合物は，炭素に炭素・水素・酸素が結合したものが最も多く，そのほか，窒素，リン，硫黄などが構成元素になっているものもある。

　人体や食品を構成する糖質，脂質，タンパク質などの有機化合物は，炭素と水素，酸素，窒素などが構成元素になっているものがほとんどであり，そのほかの元素もみられるが，量はわずかである。

表IV-9-1　有機化合物を構成する元素

有機化合物	元素	例(基本単位)	
糖　質	C, H, O	単　糖	$C_6H_{12}O_6$
脂　質	C, H, O	脂肪酸	$CH_3(CH_2)_{14}COOH$
タンパク質	C, H, O, N, (S)	アミノ酸	$CH_3 - \underset{\underset{NH_2}{\vert}}{CH} - COOH$
核　酸	C, H, O, N, P	ヌクレオチド	塩基 - 五炭糖 - リン酸

　このように構成元素の種類は少ないが，それらの元素からつくられる有機化合物の種類は非常に多い。これは炭素が4価の原子価をもち，炭素どうしが次々に安定な共有結合をつくりながら結合して，さまざまな化合物をつくることができるからである。

　有機化合物の特徴として，無機化合物と比べて融点や沸点が低い，水に溶解しにくいがエーテルなどの有機溶媒に溶解しやすいものが多い，などがあげられる。

2 炭化水素

炭素と水素のみで構成されている有機化合物を炭化水素という。

炭素が鎖状に結合したものを脂肪族炭化水素(または鎖式炭化水素)という。

環状になったものを環式炭化水素といい,化合物名を〈シクロ+化合物名〉とよんで,鎖式のものと区別する。また,環式の不飽和炭化水素でも,ベンゼン環(C_6H_6)を有する化合物は,特徴ある性質をもつため,芳香族炭化水素として別に分類される。

単結合のみでできている炭化水素を飽和炭化水素といい,二重結合か三重結合を1つでももつものを不飽和炭化水素という(図IV-9-1)。

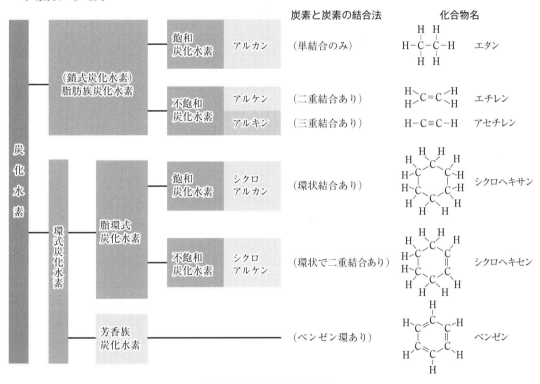

図IV-9-1 炭化水素の分類

(1) 飽和炭化水素

単結合のみからなる脂肪族炭化水素をアルカンと総称する。最小のアルカンは,1つの炭素が4つの水素原子と結合したメタン(CH_4)である。アルカンの一般分子式は C_nH_{2n+2} と表現できる。アルカンの分子から水素原子1個を除いたも

のをアルキル基という。アルキル基に，次項で記すさまざま
な官能基(原子団ともいう)が結合した有機化合物が，食品や
人体の構成成分として多く存在している。このことは五大栄
養素の化学を学ぶための基礎知識となるため，よく理解する
ことが大切である。

表IV-9-2　アルカンとアルキル基

構　造　式	アルカン	アルキル基
CH_4	メタン	メチル基
$CH_3 - CH_3$	エタン	エチル基
$CH_3 - CH_2 - CH_3$	プロパン	プロピル基
$CH_3 - CH_2 - CH_2 - CH_3$	ブタン	ブチル基
$CH_3 - CH_2 - CH_2 - CH_2 - CH_3$	ペンタン	ペンチル基
$CH_3 - CH_2 - CH_2 - CH_2 - CH_2 - CH_3$	ヘキサン	ヘキシル基
$CH_3 - CH_2 - CH_2 - CH_2 - CH_2 - CH_2 - CH_3$	ヘプタン	ヘプチル基
$CH_3 - CH_2 - CH_2 - CH_2 - CH_2 - CH_2 - CH_2 - CH_3$	オクタン	オクチル基
$CH_3 - CH_2 - CH_2 - CH_2 - CH_2 - CH_2 - CH_2 - CH_2 - CH_3$	ノナン	ノニル基
$CH_3 - CH_2 - CH_2 - CH_2 - CH_2 - CH_2 - CH_2 - CH_2 - CH_2 - CH_3$	デカン	

(2)　不飽和炭化水素

　不飽和炭化水素のうち，二重結合を1つもつものをアルケ
ン，三重結合を1つもつものをアルキンと総称する。

表IV-9-3　アルケンとアルキン

	一般式	化合物の例	
		化合物名	構造式
アルケン	C_nH_{2n}	エチレン	H，H で C＝C の構造
アルキン	C_nH_{2n-2}	アセチレン	$H - C \equiv C - H$

3　官能基をもつ有機化合物

　炭化水素の1個以上の水素原子を，ほかの原子または原子
団で置き換えたとき，導入された原子または原子団を置換基
という。置換基の中には，置換された化合物の炭化水素部分
にかかわらず，その化合物に特徴的な性質をもたらすことが
ある。

　このように，有機化合物の性質を特徴づける原子団を官能
基という。同じ官能基をもつ化合物は似た性質を示すので，
有機化合物を保持する官能基別に分類して取り扱うことが一
般的に行われている。命名は官能基を織り込んだ化合物名と
なる。例えば C_2H_5OH は，エチル基($C_2H_5 -$)と，ヒドロキシ

表IV-9-4　官能基による化合物の分類

官能基の種類		化合物の一般名	化合物の例	
官能基名	構　造		化合物名	構造式
ヒドロキシ基(水酸基)	$-OH$	アルコール	エタノール	CH_3-CH_2-OH
	$-OH$	フェノール	フェノール	C_6H_5-OH
アルデヒド基(カルボニル基)	$-CHO$	アルデヒド	アセトアルデヒド	CH_3-CHO
ケトン基(カルボニル基)	$>CO$	ケトン	アセトン	$CH_3-CO-CH_3$
カルボキシル基(カルボキシ基)	$-COOH$	カルボン酸	酢酸	CH_3-COOH
アミノ基	$-NH_2$	アミン	γ-アミノ酪酸	$HOOC-CH_2-CH_2-CH_2-NH_2$
スルホ基	$-SO_3H$	スルホン酸	ベンゼンスルホン酸	$C_6H_5-SO_3H$
リン酸基	$-PO_3{}^{2-}$	リン酸	リン酸	H_3PO_4
チオール基	$-SH$	チオール	システイン	$HS-CH_2-CH(NH_2)COOH$
ニトロ基	$-NO_2$	ニトロ化合物	ニトロベンゼン	$C_6H_5-NO_2$
エーテル結合	$C-O-C$	エーテル	ジエチルエーテル	$C_2H_5-O-C_2H_5$
エステル結合	$-COO-$	エステル	酢酸エチル	$CH_3-COO-C_2H_5$

基($-OH$)から成るため，ヒドロキシ基を示すオール(ol)を合わせて，エタノールまたはエチルアルコールとなる。

　化学式で書くとき，官能基を強調して示した式を示性式という。

　例えば，エタノールを分子式で書くとC_2H_6Oとなり構造が推定しにくいが，示性式で書くとC_2H_5OHとなり，エチル基とヒドロキシ基(水酸基)からなる有機化合物であることが容易にわかる。

　化合物の命名には構造に基づいた世界的なルール(IUPAC)があり，それに従った組織名が存在する。これに対して構造とは関係なく，性質や起源などから名付けられたものを慣用名という。一般化している慣用名も多くあるため，化合名は2種類が混在しているのが現状である。

表IV-9-5　エタノールの表現法

構造式	
H-C-C-O-H （H H 上下）	CH_3-CH_2-OH
示性式	分子式
C_2H_5OH	C_2H_6O

4　異性体

　炭素はいろいろな原子と4つの価標をつくることが容易であるため，さまざまな化合物が存在する。

　同じ分子式で表される化合物でも，構造が異なる化合物が2種以上存在する場合，これらは互いに異性体であるという。異性体は，さらに構造異性体と立体異性体に分類される。

(1)　構造異性体

　構造異性体は，分子式が同じであるが，構造式が異なる，すなわち原子の結合の順序が異なる化合物をいう。

　炭素原子が4つ以上からなるアルカンにおいては，構造異

性体が存在する。例えば，ブタン C_4H_{10} は C-C-C-C と

C-C-C
  |
  C   の2通りの異なった炭素骨格がある。

　また，官能基の種類の違いによるもの，二重結合の位置の違いによるもの，置換基の位置の違いなど，さまざまな理由により構造異性体が生じる（図IV-9-2）。

要　因	分子式	構造式		

炭素骨格	C_4H_{10}	C-C-C-C
		n-ブタン
			C-C-C
			   |
			   C
			2-メチルプロパン	

官能基の種類と位置	$C_4H_{10}O$	C-C-O-C-C
		ジエチルエーテル
			C-C-C-C-OH
			1-ブタノール
				C-C-C-C
				      |
				     OH
				2-ブタノール

置換基の位置
（-Clの場合）
	C_4H_9Cl	C-C-C-C-Cl
		1-クロロブタン
			C-C-C-C
			    |
			   Cl
			2-クロロブタン
				C-C-C-Cl
				   |
				  C
				1-クロロ-2-メチルプロパン
				
				   Cl
				   |
				C-C-C
				   |
				   C
				2-クロロ-2-メチルプロパン

二重結合の位置	C_4H_8	C=C-C-C
		1-ブテン
			C-C=C-C
			2-ブテン
				C=C-C
				    |
				   C
				2-メチルプロペン

図IV-9-2　C_4化合物の構造異性体の例（H を省略）

（2）　立体異性体

　立体異性体は，分子式が同じで，原子の結合の順序も同じであるが，立体配置が異なる化合物をいう。立体異性体には，幾何異性体（シス・トランス異性体）と光学異性体がある。

1）　幾何異性体

　有機化合物の2つの炭素原子間に二重結合が存在するとき，それを軸として回転することはできない。この2つの炭素原子に，それぞれ結合する置換基が，二重結合に対して同じ側にあるときはシス型といい，反対側にあるときはトランス型という。このようにシスとトランスの関係にあるものを，互いに幾何異性体であるという（図IV-9-3）。例えば，不飽和脂肪酸の炭化水素鎖には二重結合が1カ所以上存在するが，天然のものはほとんどシス型である。しかし，反すう動物の胃で微生物によりトランス型に転換して乳製品や肉の中に含まれたり，植物油の加熱加工操作によりトランス型が生じることもある。これをトランス脂肪酸という。

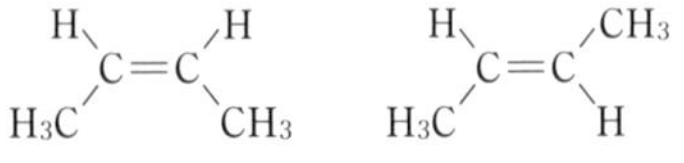

シス-2-ブテン　　　トランス-2-ブテン

図IV-9-3　幾何異性体の例（2-ブテン）

2) 光学異性体

　原子価が4の炭素原子に結合する4個の原子または原子団がすべて異なるとき，この炭素原子を不斉炭素原子という。不斉炭素原子が存在する化合物には，それを鏡に映したような構造の異性体が存在する。これは実像と鏡像の関係にあり，右手と左手のように重ね合わせることができない。これを光学異性体という（図IV-9-4）。

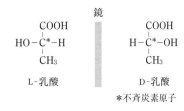

図IV-9-4　光学異性体の例（乳酸）

 **炭素の不思議**

　　炭素の化合物は有機化合物（有機物）とよばれ，これまで報告されているものは1,000万種をはるかに超える。炭素は原子価が4であるため，4本の手でいろいろな原子と結合して多様な化合物を作ることができるためである。炭素は，食品や人間の体のタンパク質や脂質などの有機化合物の構成成分であり，人体の乾燥重量の2/3をしめる。

　　一方，炭素は無機化合物としても存在している。二酸化炭素（CO_2），これが結晶化したドライアイスや一酸化炭素（CO）の構成成分であるのは周知のことである。二酸化炭素（CO_2）は大気中に0.04％存在しているが，この増加が地球温暖化の一因である（異論もある）として世界的な大問題になっている。

　　また，憧れの貴金属のダイアモンドと鉛筆の芯に使われる黒鉛（グラファイト）は全く性質も価格も異なるが，いずれも炭素だけからなる結晶である。ダイアモンドが硬いのは，炭素原子どうしががっちりと立体的に共有結合だけで結合しているためである。黒鉛の硬度が低いのは，亀の甲状の1つの層は強い共有結合で結ばれているが，層と層の間は弱い分子間力で結合しているためである。

10章　食物や人体の構成成分と水

1　五大栄養素

　人間は食物を摂取して体内で利用することにより，生命活動や生活活動を営んでいる。動物，植物，微生物，鉱物などに由来する食品に含まれる化合物の種類は膨大な数にのぼる。これらを体内での栄養上の働き，化学構造や物性などの観点から整理整頓し，5種類に分類したものを五大栄養素という。

　五大栄養素とは，糖質(炭水化物)，脂質，タンパク質，無機質(ミネラル)，ビタミンを指す。

　人間は，これらの栄養素を食物から摂取し，代謝により作り変えて，生命活動を営むためのエネルギー生成や，体の構成成分を作るために利用している。

　五大栄養素の役割を大まかに表現するならば，糖質と脂質とタンパク質は熱量素ともいわれ，エネルギー生成に利用される。タンパク質と無機質は体の構成成分となり，無機質とビタミンは保全素ともいわれ，代謝を円滑におこなう役割を担っている。

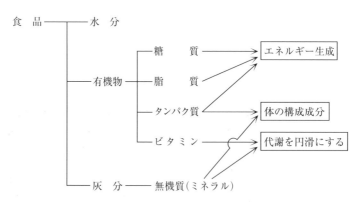

図IV-10-1　食品の構成成分と生体内での役割

2　糖　質(炭水化物)

　植物は，水と二酸化炭素を原料にして太陽エネルギーを得て光合成により糖質を生合成し，それを根，茎，実，種などに化学エネルギーとして貯蔵する(表IV-10-1)。

人間は，植物が貯蔵した糖質をいただいて，その化学エネルギーを生命活動をおこなうための体内エネルギーに変えて生きていることになる。

糖質は人間にとって最も重要なエネルギー源である。糖質の大半の化合物は，$C_m(H_2O)_n$ の組成式にあてはまるため，"炭素と水が化合した物"として炭水化物とよばれていた。しかし，例外もあるため，現在は「多価アルコールのカルボニル誘導体とその縮合物」と定義されている。すなわち，"カルボニル基($>C=O$)を有し，さらにヒドロキシ基($-OH$)を複数有する化合物"ということになる。

カルボニル基の中でも，炭素のもう1つの手(原子価)が水素と結合したアルデヒド基を有する糖質をアルドースといい，炭素のもう2つの手が炭素と結合したケトン基を有する糖質をケトースという(図IV-10-2)。

表IV-10-1　植物の光合成

太陽エネルギー
$$6H_2O+6CO_2 \longrightarrow C_6H_{12}O_6+6O_2$$

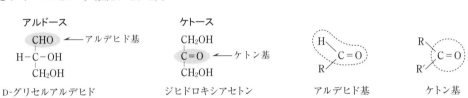

図IV-10-2　アルドースとケトースの例

糖質の分子の大きさは，高分子から低分子まで多種類ある。加水分解(消化)したときの最終産物を単糖類といい，これ以上分解すると糖としての性質を失う最小単位である。単糖類が2個結合したものを二糖類，2個から10個程度結合したものを少糖類(オリゴ糖)，多数結合したものを多糖類という。

(1)　単糖類

単糖類の中でも，構成する炭素の数によりいろいろな大きさの分子がある。食品や生体中には，炭素を3個(三炭糖)から7個(七炭糖)もつ単糖類がみられる。植物性食品中に特に多いのは，六炭糖(ヘキソース)を構成単位とした多糖類であり，また動物や植物中の核酸の構成成分として五炭糖(ペントース)が重要である。

1)　単糖類と異性体

炭素数が同じでも構造異性体や光学異性体が存在するため，単糖類の種類はさらに多い。例えば，生命の維持のために最も重要な糖である六炭糖のグルコース(ブドウ糖)の分子式は $C_6H_{12}O_6$ であるが，果物の甘味であるフルクトース(果

炭素数	単糖類名（英語）	代表的な化合物名
3	三炭糖（トリオース）	グリセルアルデヒド ジヒドロキシアセトン
4	四炭糖（テトロース）	エリスロース
5	五炭糖（ペントース）	リボース デオキシリボース
6	六炭糖（ヘキソース）	グルコース ガラクトース フルクトース マンノース
7	七炭糖（ヘプトース）	セドヘプツロース

糖）も分子式は同じである。しかし，前者は官能基としてアルデヒド基をもつアルドースであり，後者はケトン基をもつケトースであるため，互いに構造異性体である。

　また，単糖類は不斉炭素原子をもつことが多く，分子式，構造式いずれも同一であっても，2^n 個（n：不斉炭素原子数）の立体異性体が存在する。例えば，$C_6H_{12}O_6$ のグルコースとガラクトースとマンノースは，1つの不斉炭素原子に結合する OH 基と H の位置が左右反対（フィッシャー式表示）になっているだけ，すなわち立体配置が違うだけである。これらの異性体を互いにエピマーであるという。

　いずれの単糖類もヒドロキシ基を多くもつため，親水性が大きい。

　重要な単糖類を図IV-10-3に示した。

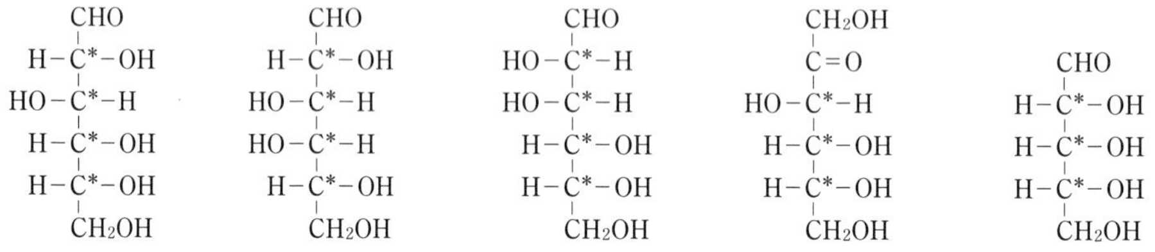

```
   CHO            CHO            CHO          CH2OH           CHO
 H−C*−OH        H−C*−OH       HO−C*−H          C=O         H−C*−OH
HO−C*−H        HO−C*−H       HO−C*−H        HO−C*−H        H−C*−OH
 H−C*−OH       HO−C*−H        H−C*−OH        H−C*−OH        H−C*−OH
 H−C*−OH        H−C*−OH       H−C*−OH        H−C*−OH        CH2OH
  CH2OH          CH2OH         CH2OH          CH2OH
D-グルコース     D-ガラクトース    D-マンノース      D-フルクトース     D-リボース
                                              （＊：不斉炭素）
```

図IV-10-3　代表的な単糖類の構造（フィッシャー投影式）

2）　単糖類の鎖状構造と環状構造

　単糖類を表示する場合，鎖状構造で示したものをフィッシャー（Fischer）の投影式という。これは第1級アルコール（−OH 基に結合した C が2個の H と結合しているアルコール）を下に，カルボニル基を上にして，炭素鎖を直鎖状に縦に置いたものである。このとき，カルボニル基から最も遠い不斉炭素原子につく OH 基が右側にあるものを D 型，左側

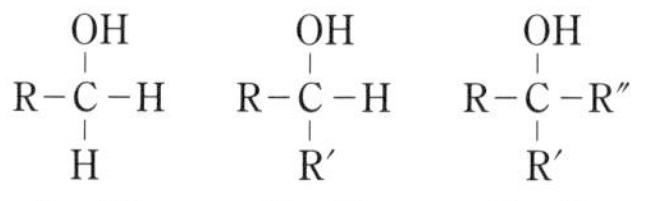

```
   OH            OH             OH
 R−C−H         R−C−H         R−C−R″
   H             R′             R′
 第1級          第2級           第3級
アルコール      アルコール       アルコール
```

図IV-10-4　第1〜3級アルコールの構造（R，R′，R″は炭素鎖）

にあるものを L 型という。グルコースをはじめとする天然
の単糖類の大半は D 型として存在している（図IV-10-5）。

　単糖類のうち，五炭糖や六炭糖は結晶では環状構造として
存在するが，水溶液中では，一部が開環して鎖状構造として
存在する。これはカルボニル基と，立体構造上近い位置にあ
るヒドロキシ基が結合して環が形成された（ヘミアセタール
結合）ためである。環状の平面構造で表示した式をハース
（Haworth）投影式という。

① **グルコース**　グルコースの結晶では，アルデヒド基を形
成する1位の炭素（C_1）と，5位の炭素（C_5）についた OH 基が
結合して，ピラノースとよばれる6員環構造となって存在し
ている。環形成により，1位の炭素も不斉炭素（アノマー炭
素という）になるため，これに結合する H と OH 基の配置が
2通りできて，立体異性体が発生する。この異性体を互いに
アノマーという。OH 基が末端の $-CH_2OH$（C_6）の位置と環
をはさんで反対側に位置するときは α 型といい，同じ側に位
置するときは β 型という。この OH 基をアノマー性水酸基
（＝グリコシド性ヒドロキシ基）といい，他の OH 基と異な
り，鎖状構造に変換したとき還元性を示す。

② **フルクトース**　同様に環を形成するが，ケトン基は C_2
にあるため，C_5 の OH 基と結合してフラノースとよばれる5
員環構造となることが多い。

　グルコースもフルクトースも構造には互変性があり，溶液
中では，環状 α 構造⇄鎖状構造⇄環状 β 構造と変化して，一

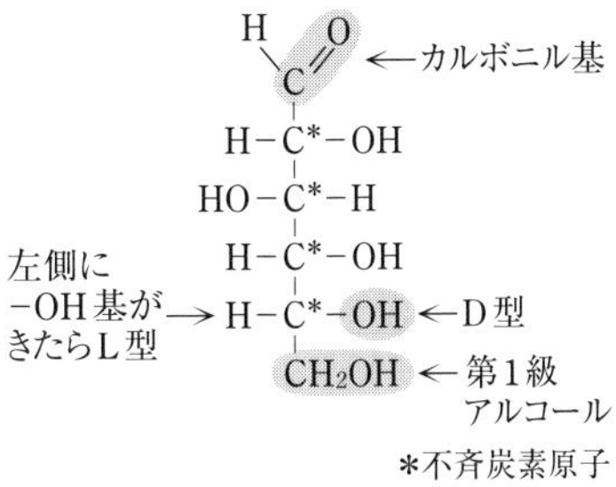

図IV-10-5　フィッシャーの投影式
（例　D-グルコース）

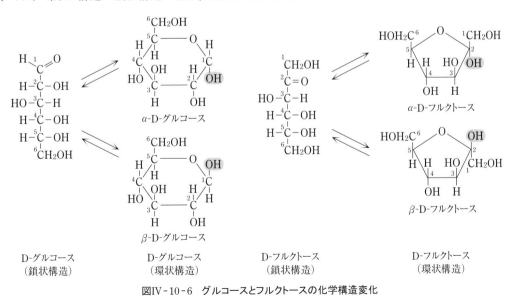

図IV-10-6　グルコースとフルクトースの化学構造変化
OH　アノマー性水酸基

定の温度下では存在割合は平衡に達する。α型とβ型では甘味度が異なる（図IV-10-6）。

3) 単糖類の誘導体

① **糖アルコール** 単糖類のカルボニル基を還元すると糖アルコールになる。グルコースを還元するとソルビトールが生成する（図IV-10-7）。

② **酸性糖** 《ウロン酸とアルドン酸》 単糖のアルデヒド基（C_1）が酸化されてカルボキシ基になった酸をアルドン酸という。また、酸化により炭素鎖末端（C_6が多い）がカルボキシ基になったものをウロン酸という。代表的なウロン酸としてグルコースが酸化されたグルクロン酸、ガラクトースが酸化されたガラクツロン酸がある（図IV-10-7, 8）。

グルクロン酸は肝臓での解毒作用において重要な働きをする。

ガラクツロン酸を構成成分とした多糖類のペクチンは植物の細胞壁や細胞間物質の構成成分であり、果実の熟成、いも

● **甘味度**

α-グルコースはβ-グルコースの1.5倍の甘味度である。

β-フルクトースはα-フルクトースの3倍の甘味度であり、低温ではβ-フルクトースの割合が増加する。そのため、果実類は冷やしたほうが甘味が増す。

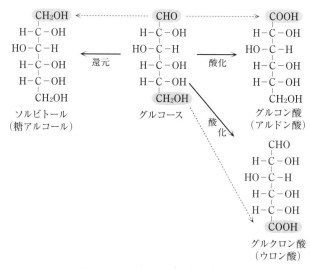

図IV-10-7　グルコースの酸化と還元

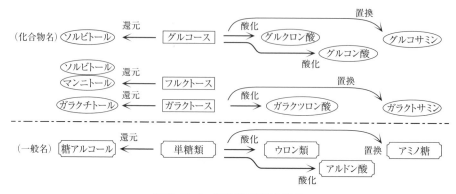

図IV-10-8　単糖類の誘導体形成

類の調理による軟化，ジャム調製などで中心的な役割を果たす化合物である。

③ **アミノ糖** 糖のヒドロキシ基（−OH）の1つがアミノ基（−NH₂）に置換された糖をいう。グルコサミンはグルコースの2位のヒドロキシ基がアミノ基と置換したもので，ムコ多糖類の構成成分である。ガラクトサミンも同様に置換・生成され，コンドロイチンの構成成分である。

単糖類の誘導体形成の概観を図IV-10-8に示した。

(2) 少糖類（オリゴ糖）

単糖類が2〜10個程度結合した糖を少糖類（オリゴ糖）という。結合した単糖類の数により，二糖類，三糖類，四糖類などに分類される。少糖類は，単糖のアノマー性水酸基と他の糖のヒドロキシ基が脱水縮合してグリコシド結合を形成した糖である。

1) 食品中の主な二糖類

栄養学的・食品学的に二糖類は重要な役割を果たす。

① **スクロース（ショ糖）** サトウキビや甜菜に含まれ，砂糖の主成分であり，代表的な甘味物質である。グルコース（Glc）とフルクトース（Fru）のアノマー炭素に結合したヒドロキシ基どうしが結合（α-1，β-2グリコシド結合）した二糖類である。その結合により，還元性は失われる（非還元糖）。しかし，加水分解すると転化糖とよばれるグルコースとフルクトースの混合物になり，還元性は復活し，甘味度は増す。

② **マルトース（麦芽糖）** 水飴の主成分で，グルコース2分子が結合した二糖類である。グルコースが同方向に並んで結合（α-1，4グリコシド結合）するため，アノマー炭素位のヒドロキシ基が1個残り，還元性を保持している（還元糖）。デンプンをβ-アミラーゼで加水分解して得られる。

③ **ラクトース（乳糖）** 哺乳動物の乳中に存在し，ガラクトース（Gal）とグルコースからなる（β-1，4グリコシド結合）

グルコース＋フルクトース
スクロース（ショ糖）
（α-1，β-2グリコシド結合）

グルコース＋グルコース
マルトース（麦芽糖）
（α-1，4グリコシド結合）

ガラクトース＋グルコース
ラクトース（乳糖）
（β-1，4グリコシド結合）

図IV-10-9　主な二糖類

二糖類である。還元性を有し，動物体内でラクターゼ（酵素）により単糖に加水分解（消化）されて吸収される（図Ⅳ-10-9）。

2）　その他の少糖類

　ラフィノースは三糖類（Gal - Glc - Fru）の1つであり，サトウキビ，大豆，甜菜などに含まれる非還元糖である。スタキオースは四糖類（Gal - Gal - Glc - Fru）の1つであり，大豆，甜菜などに含まれる非還元糖である。

　フラクトオリゴ糖は，フルクトースが2分子以上結合した糖である。

　これらの糖は人間にとっては難消化性であるが，大腸でビフィズス菌の栄養源となる。

（3）　多糖類

　単糖またはその誘導体が約10個以上結合した化合物を多糖類という。自然界では，単糖類が多数結合した高分子化合物として存在していることが多い。多糖類には，1種類のみの単糖からなるホモ多糖（単純多糖），2種類以上の単糖からなるヘテロ多糖（複合多糖），アミノ糖からなるムコ多糖およびウロン酸からなるウロニドなどがある。

1）　ホモ多糖（単純多糖）（homoglycan）

① 　デンプン　最も重要な多糖類は，植物の光合成によって作られるグルコースが多数結合したデンプンである。穀類，いも類，豆類およびとうもろこしなどの根茎や種実の細胞中にデンプン粒子として貯蔵される。人間の主食として利用されることが多いため，人類の最も大切なエネルギー源となっている。デンプン粒子の大きさや形は植物の種類により異なっている。

●デンプンの種類

　性質の差から，地上で収穫するデンプン（地上デンプン）と地下で収穫するデンプン（地下デンプン）に分類する方法がある。

　地上デンプンには小麦デンプン（浮粉）やコーンスターチ，豆デンプンが属し，地下デンプンにはジャガイモデンプン（片栗粉），サツマイモデンプン，くずデンプンなどが属する。一般的には，地上デンプンのほうがゲル強度は強いが，透明度は低い。地下デンプンはその反対である。デンプンは，それぞれの性質に向いた方法で調理に利用されることが大切である。

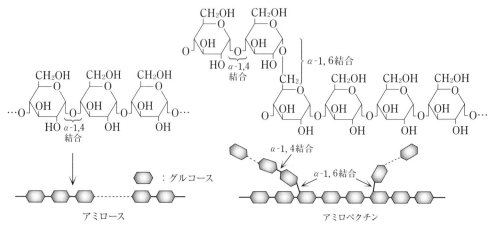

図Ⅳ-10-10　アミロースとアミロペクチンの構造

デンプンはα-D-グルコースが多数グリコシド結合したもので，6分子で1周するらせん構造となっている。らせん内部にヨウ素原子が入るため，ヨウ素デンプン反応により，デンプンは青色〜青紫〜赤紫色に染色される。α-1, 4結合のみからなる直鎖状のアミロース（分子量数万〜数十万）は青色〜青紫を呈し，α-1, 4結合とα-1, 6結合からなる分枝状のアミロペクチン（分子量数十万〜数百万）は青紫〜赤紫色を呈する。

アミロースとアミロペクチンの存在比率やアミロペクチンの分枝状況は，デンプンの種類によって異なるが，通常アミロースがデンプンの20〜25％をしめる（図IV-10-10）。

存在比率や分枝状況は，加熱調理後のデンプンの硬さや粘りなどの物性に差を生じる。米を例にとると，ジャポニカ種のうるち米はアミロペクチンの割合が約80％であるが，もち米はアミロペクチン100％であるため，粘りはもち米のほうが大きく，餅調製に適する。反対に，インディカ種はアミロペクチンが約70％であるため，粘りは小さく，ぱらぱらした食感となる。

生デンプン分子は，分子が規則正しく配列したミセル構造となっており，これをβ-デンプンという。水とともに加熱するとミセル構造が崩れて分子間に水が入り，デンプンは膨潤する。この変化を糊化（α化）といい，そのデンプンを糊化デンプンまたはα-デンプンという。

一方，α-デンプンを放置すると分子間の水分が減少し，ミセルが不規則に再形成される。これを老化という。水分含有率30〜60％の食品において，0〜5℃で起こりやすいため，冷蔵庫で保存した飯やパンは固くまずくなる（図IV-10-11）。

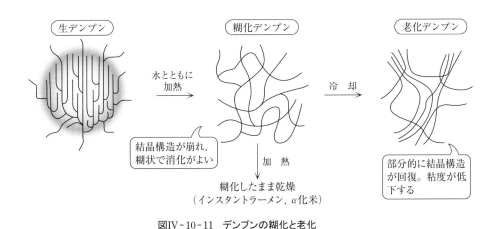

図IV-10-11　デンプンの糊化と老化

（久保田，森光：食品学）

デンプンを酵素，熱，酸などで分解して低分子化したもの
をデキストリンという。可溶性デンプンはその一つである。

② **グリコーゲン**　動物の肝臓や筋肉に貯蔵されるα-D-グ
ルコースを基本単位とするホモ多糖であり，短期間のエネル
ギー貯蔵形態である。α-1, 4とα-1, 6グリコシド結合からな
る分枝状の構造であるため，構造上はアミロペクチンと類似
しているが，枝分かれはさらに多く，分子量は大きい（100万〜
1,000万）。成人で肝臓に5〜6％（約100g），筋肉に0.5〜1％
（約250g）のグリコーゲンを貯蔵することが可能である。

③ **セルロース**　植物の細胞壁の主成分であり，β-D-グル
コースが直鎖状にβ-1, 4グリコシド結合したホモ多糖であ
る。人間は，この結合の切断酵素であるセルラーゼをもたな
いので，消化できない。食物から摂取後，消化管内を多糖の
まま輸送されるため，セルロースは，栄養学的には，エネル
ギー生成に関与しない食物繊維に分類される。分解されにく
い性質は逆に，消化管内で大腸を刺激して排便を促進する効
果をもたらす。

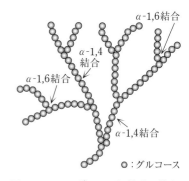

図IV-10-12　グリコーゲン構造の模式図

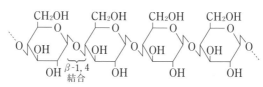

図IV-10-13　セルロースの構造

2）　ヘテロ多糖（複合多糖）（heteroglycan）

　以下の多糖類は，いずれも栄養学的には食物繊維に分類さ
れる。

① **コンニャクマンナン**　コンニャクイモに存在する多糖類
で，グルコースとマンノースが約1：2の割合で存在する。
コンニャクの原料となる。

② **寒天**　テングサやオゴノリなどの紅藻類の細胞壁に存在
する多糖類で，アガロース（70％）とアガロペクチン（30％）
からなる。ガラクトースとその類縁体が構成成分であり，ア
ガロペクチンには，これ以外に硫酸などが結合している。

　微生物の培養基や，調理におけるゲル化剤として，水よう
かんや杏仁豆腐，果汁かんなどの調理に必須の食材である。

3）　ムコ多糖類

　ムコとは粘液という意味である。アミノ糖あるいは，その
類縁体を含む多糖類のことをムコ多糖類という。

① **キチン**　カニ，エビなどの甲殻類の殻の主成分である。
N-アセチル-D-グルコサミンがβ-1, 4結合した多糖で，タ

● **食物繊維**

　「ヒトの消化酵素で消化されない
食品中の難消化性成分の総体」と定
義されている。食品成分表では食物
繊維の量は水溶性，不溶性，総量に
分かれて記載されている。水溶性の
ものとしてはペクチン，海藻から抽
出した多糖類のアルギン酸ナトリウ
ム，コンニャクのグルコマンナンな
どがある。不溶性のものとしてはセ
ルロース，甲殻類外殻のキチンなど
の難消化性多糖やリグニンがある。
ダイエタリーファイバー，略してDF
ともよばれる。

ンパク質や無機塩類と結合して硬い構造をつくっている。

② **その他のムコ多糖類**　動物の軟骨に含まれるヒアルロン
酸や，角膜に含まれるコンドロイチン，軟骨や腱に含まれる
コンドロイチン硫酸もムコ多糖類に分類される。

4）ウロニド

　ウロン酸が多数結合したものをウロニドという。

　ペクチン　代表的なウロニドとして，果実類やいも類，野
菜などの植物の細胞壁の構成成分であるペクチンがある。ペ
クチンは，ウロン酸の1つであるガラクツロン酸およびその
メチルエステル化合物が α-1,4 結合した多糖類である。

　ペクチンは，植物が未熟状態ではセルロースなどと結合し
て水に不溶のプロトペクチンとして存在しているが，成熟す
るとこれらがはずれて水溶性のペクチン（ペクチニン酸）とな
り，過熟状態ではメチルエステルが切れたペクチン酸となる。

　エステル化度が高いペクチン（＝高メトキシルペクチン）で
は，酸性下で60～70％のスクロースとともに加熱するとゲ
ル化する。この性質はジャム調製に利用される。エステル化
度が低い（＝低メトキシルペクチン）場合は，2価の金属イオ
ン（Ca^{2+}，Mg^{2+}）の存在下でゲル化する（図IV-10-14）。

●**ガラクツロン酸のエステル化度**
カルボキシ基がメチルエステルに
なっている割合をいう。
高メトキシルペクチン：42.9～100％
（メトキシル基率では7～16.23％）。
低メトキシルペクチン：42.9％未満
（メトキシル基率では7％未満）。

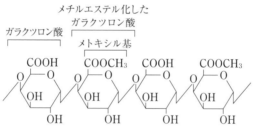

図IV-10-14　ペクチンの構造

3 脂 質

　脂質は一般に，水に不溶で，エーテル，クロロホルム，ア
セトンなどの有機溶媒に溶解しやすい性質をもつ。人体で
は，平均して体重の20～25％程度をしめる。

　構造の基本は脂肪酸であり，脂肪酸単独で存在することも
あるが，これに他の化合物が結合して，いろいろな種類の脂
質を構成していることが多い。結合する相手物質により，単
純脂質（脂肪酸とアルコールがエステル結合したもの），複合
脂質（単純脂質構成成分にさらに糖やリン酸などが結合した
もの），誘導脂質（単純脂質から誘導されてできるもの）に分
類される（表IV-10-3）。

表IV-10-3　脂質の分類

分　類	種　類	構成成分	代表例
単純脂質	アシルグリセロール ステロールエステル	脂肪酸，グリセロール 脂肪酸，ステロール	トリアシルグリセロール コレステロールエステル
複合脂質	リン脂質 　グリセロリン脂質 　スフィンゴリン脂質 糖脂質 　グリセロ糖脂質 　スフィンゴ糖脂質	 脂肪酸，グリセロール，リン酸，塩基 脂肪酸，スフィンゴシン，リン酸，塩基 脂肪酸，グリセロール，糖 脂肪酸，スフィンゴシン，糖	 レシチン，フォスファチジルセリン等 スフィンゴミエリン セレブロシド
誘導脂質	脂肪酸 アルコール 　┌脂肪族アルコール 　└ステロール		パルミチン酸，リノール酸等 グリセロール スフィンゴシン コレステロール
特別な 脂質	リポタンパク質 テルペノイド	脂質，タンパク質	HDL，LDL，キロミクロン カロテノイド

（1）　脂肪酸

　炭化水素鎖と末端のカルボキシ基（−COOH）からなる化合物である。分子の炭素数はほとんど偶数であり，食品や人体を構成している脂肪酸は，炭素数が16，18，20であるものが中心である。

1）　飽和脂肪酸と不飽和脂肪酸

　炭化水素鎖を構成している炭素どうしが，すべて単結合で結合している脂肪酸を飽和脂肪酸といい，1カ所でも二重結

表IV-10-4　主な脂肪酸

	名　称	炭素数と 二重結合数	二重結合の位置 （カルボキシ基側から）	系　列 （メチル基側から）	融　点（℃）
飽和脂肪酸	酪酸	4：0			− 7.9
	ヘキサン酸	6：0			− 3.4
	オクタン酸	8：0			16.7
	デカン酸	10：0			31.6
	ラウリン酸	12：0			44.2
	ミリスチン酸	14：0			53.9
	パルミチン酸	16：0			63.1
	ステアリン酸	18：0			69.6
	アラキジン酸	20：0			75.3
	ベヘン酸	22：0			79.9
不飽和脂肪酸	パルミトレイン酸	16：1	9	n − 7	2.0
	オレイン酸	18：1	9	n − 9	13.3〜16.3
	リノール酸	18：2	9，12	n − 6	− 5.0
	α-リノレン酸	18：3	9，12，15	n − 3	− 11.3〜− 10
	γ-リノレン酸	18：3	6，9，12	n − 6	
	アラキドン酸	20：4	5，8，11，14	n − 6	− 49.5
	〔エ〕イコサペンタエン酸（EPA）	20：5	5，8，11，14，17	n − 3	− 54.0
	ドコサヘキサエン酸（DHA）	22：6	4，7，10，13，16，19	n − 3	

合となっているものを不飽和脂肪酸という。二重結合が1カ
所のみである不飽和脂肪酸を一価不飽和脂肪酸，2カ所以上
のものを多価不飽和脂肪酸という。二重結合の位置は，官能
基のある側，すなわちカルボキシル基側から数えた炭素番号
順で表すことが世界共通のルールである（IUPAC系統名）。

　しかし，栄養学的に取扱う場合，メチル基側から炭素番号
を数えて二重結合の位置を示すほうが，体内での脂肪酸の働
きを反映しやすい。そのため，メチル基の炭素を1位として
順に数えて，最初の二重結合が現れる炭素番号を示す。この
場合は頭にnをつけて区別し，同じ場合は同じ系列の脂肪
酸として扱う。n-3系列，n-6系列が代表的である。

2）脂肪酸のシス・トランス異性体

　天然の油脂類中の不飽和脂肪酸の二重結合はほとんどがシ
ス型である。しかし，反すう動物の胃内で微生物によりトラ
ンス型になったり，加熱などの操作で植物油からマーガリン
やショートニングなどの加工品を調製する際，立体異性体の
トランス型に転換することがある。一価不飽和脂肪酸である
オレイン酸はシス型であるが，トランス型であるものをエラ
イジン酸という（図IV-10-15）。

　トランス脂肪酸の人体に及ぼす影響が近年国際的に問題視
されており，LDLコレステロールの増加やHDLコレステ
ロールの減少，動脈硬化につながるとする報告もある。この
ため，規制に乗り出す国も出現している。

(2)　単純脂質

　脂肪酸とアルコールがエステル結合してできたエステルで
ある。

1）アシルグリセロール

　アルコールの一種であるグリセロールの3つのヒドロキシ
基に，1～3分子の脂肪酸がエステル結合した化合物をアシ
ルグリセロールという。3分子結合した場合は，トリアシル
グリセロール（＝トリグリセリド＝中性脂肪＝TG），2分子
の場合ジアシルグリセロール（DG），1分子の場合モノアシ
ルグリセロールという。このうち，トリアシルグリセロール
が動植物中に最も多く存在している（図IV-10-16）。

　エステル結合する脂肪酸の不飽和度や長さなどによって，
生成するアシルグリセロールの物理的性質は変化する。動物
性脂肪の場合は，植物性脂肪に比べて，結合する飽和脂肪酸
の割合が大きいため，融点が高く常温で固体であることが多

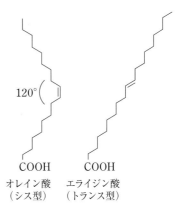

120°

COOH　　COOH
オレイン酸　　エライジン酸
（シス型）　　（トランス型）

**図IV-10-15　シス型不飽和脂肪酸と
トランス型不飽和脂肪酸の構造**

表IV-10-5　食品中のトランス脂肪酸含
　　　　　有量

品　名	トランス脂肪酸含有量 g/100g
クロワッサン	0.29～3.0
味付けポップコーン	13
和牛（肩ロース）	0.52～1.2
輸入牛（サーロイン）	0.6～1.2
ナチュラルチーズ	0.50～1.5
コーヒークリーム	0.011～3.4
生クリーム	1.0～1.2
コンパウンドクリーム	9.0～12
バター	1.7～2.2
マーガリン	0.94～13
ショートニング	1.2～31
菓子パイ	0.37～7.3
クッキー	0.21～3.8
マヨネーズ	1.0～1.7

農林水産省HP（2011.3.11更新）より作成
出典（財）日本食品分析センター

●アシルグリセロールを構成する脂肪
酸のC数

　C_{14}～C_{20}の脂肪酸である場合が多
い。大豆油の脂肪酸は88％がC_{18}で
あり，11％がC_{16}である。牛脂の脂
肪酸は65％がC_{18}，29％がC_{16}である。

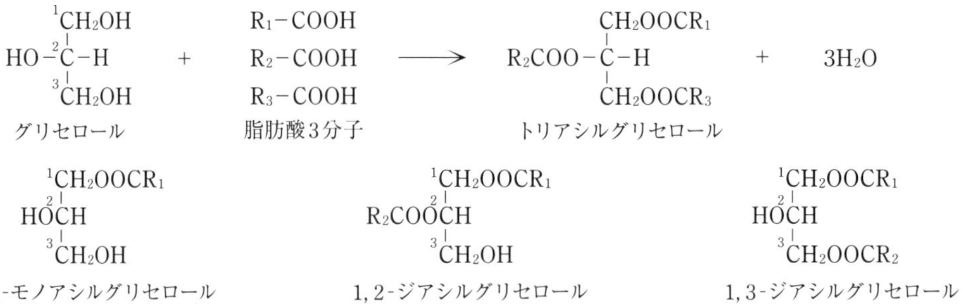

$$^1CH_2OH \qquad\qquad R_1-COOH \qquad\qquad\qquad CH_2OOCR_1$$

HO$-^2$C$-$H $\quad+\quad$ R$_2-$COOH $\quad\longrightarrow\quad$ R$_2$COO$-$C$-$H $\qquad+\qquad$ 3H$_2$O

$$^3CH_2OH \qquad\qquad R_3-COOH \qquad\qquad\qquad CH_2OOCR_3$$

グリセロール 　　　　　脂肪酸3分子 　　　　　トリアシルグリセロール

$$^1CH_2OOCR_1 \qquad\qquad ^1CH_2OOCR_1 \qquad\qquad ^1CH_2OOCR_1$$

HOCH 　　　　　　　　R$_2$COOCH 　　　　　　　HOCH

$$^3CH_2OH \qquad\qquad\quad ^3CH_2OH \qquad\qquad\quad ^3CH_2OOCR_2$$

1-モノアシルグリセロール 　　1,2-ジアシルグリセロール 　　1,3-ジアシルグリセロール

図IV-10-16　アシルグリセロール

い。植物性脂肪や魚油の場合は，結合する半分以上が不飽和脂肪酸であることが多いため融点が低く，常温で液体である。

2)　ステロールエステル

ステロイドは，ステロイド核を基本構造とした一連の化合物の総称である。

ステロールは，ステロイド核の3位の炭素にヒドロキシ基が結合したアルコールの一種であり，炭素数27〜30個のものをいう。このヒドロキシ基に脂肪酸1分子がエステル結合したものをステロールエステルという（図IV-10-17）。

動物体内にはコレステロールが多く含まれ，遊離型のものとエステル型の両方が存在する。また，植物中にはエルゴステロールが存在する。

●コレステロールの生体内での利用

コレステロールは生体内で，ビタミンD$_3$，胆汁酸，性ホルモン，副腎皮質ホルモンなどの原料になる。

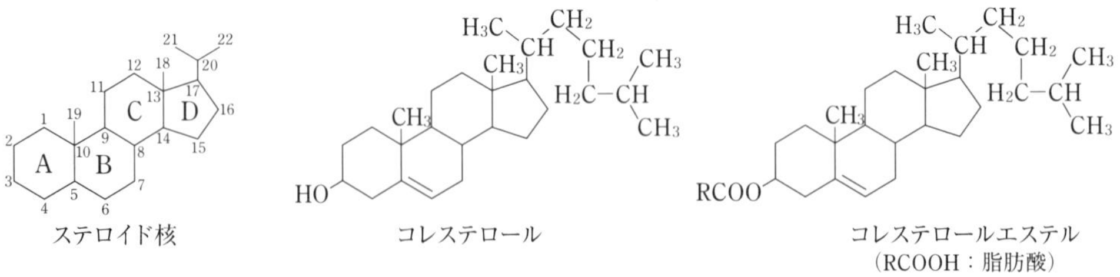

ステロイド核　　　　　　コレステロール　　　　　コレステロールエステル
　　　　　　　　　　　　　　　　　　　　　　　　　　（RCOOH：脂肪酸）

図IV-10-17　コレステロールとコレステロールエステル

(3)　複合脂質

単純脂質（脂肪酸とアルコールのエステル）に他の成分が結合したものを複合脂質という。リン酸が結合したものをリン脂質，糖が結合したものを糖脂質という。

1)　リン脂質

アルコールとしてグリセロールが構成成分となっていることが多いが，脳神経を構成するリン脂質ではスフィンゴシンの場合もあるため，それぞれグリセロリン脂質（リン脂質と略称されることが多い），スフィンゴリン脂質と区別していうこともある。

●リン脂質の特徴

脂肪酸の炭化水素鎖部分は親油性であり，その他のグリセロール・リン酸・塩基部分は親水性である。このように，1つの分子の中に親水性基と親油性基をもつ分子を両親媒性分子という。

グリセロリン脂質は，グリセロールに2分子の脂肪酸がエステル結合し，残った1つのヒドロキシ基にリン酸が結合したもの(ホスファチジン酸という)が基本である。

　人体のリン脂質は，ホスファチジン酸にさらに4種類の塩基(コリン，セリン，イノシトール，エタノールアミン)のいずれか1つが結合しており，そのうちコリンの結合の割合が最も大きい，このときのリン脂質をホスファチジルコリン(レシチン)という(図IV-10-18)。

　リン脂質は生体膜の主成分を形成している。細胞膜はリン脂質二重層からなっている。

●リゾレシチン
　レシチンから脂肪酸1個がはずれた分子をリゾレシチンという。

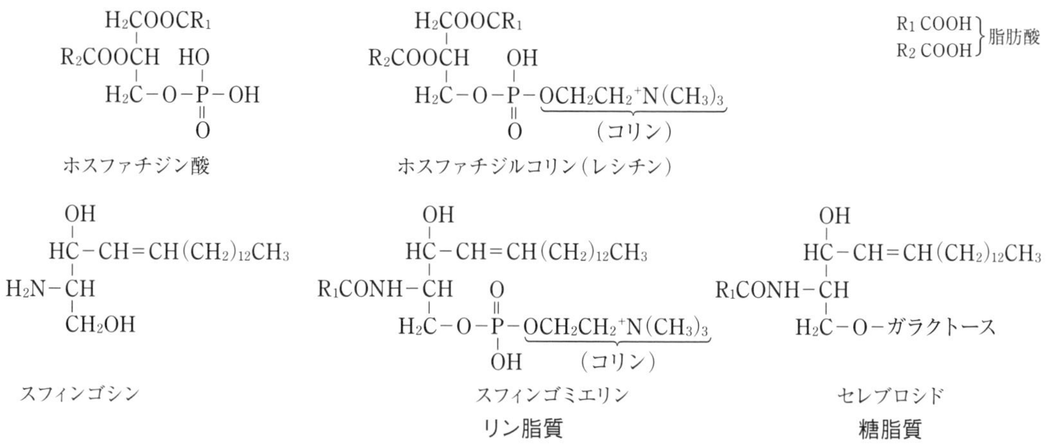

図IV-10-18　リン脂質と糖脂質

2)　糖脂質

　グリセロールに脂肪酸と糖が結合したものを，グリセロ糖脂質といい，グリセロールの代わりにスフィンゴシンが使われているものを，スフィンゴ糖脂質という。糖部分として，ガラクトースやグルコースが結合したものが多く，脳神経の構成成分になっている(図IV-10-18)。

(4)　誘導脂質

　主として単純脂質から誘導されてできたものを誘導脂質という。すでに述べた脂肪酸およびグリセロール，コレステロール，スフィンゴシンなどのアルコールが該当する。

(5)　油脂の性質
1)　物理的性質

①　比重　構成する脂肪酸の種類によって異なるが，天然油脂の比重は常温で0.91～0.95の範囲にある。そのため，酢油ソース調製で，食酢などの水溶液と植物油を混合・静置す

ると，油層は上層に分離してくる。

② **融点** 飽和脂肪酸は不飽和脂肪酸より融点が高く，また炭素数が多いものは，少ないものより高い。飽和脂肪酸の割合が大きい牛脂(ヘッド)や豚脂(ラード)などの動物脂の融点はそれぞれ40～56℃，28～48℃であるため，常温で個体となる。一方，不飽和脂肪酸の割合が大きい植物油のオリーブ油や大豆油の融点はそれぞれ約0～6℃，－20～0℃であるため常温で液体となる。このためオリーブ油を冷蔵庫で保管するとどろりとした液体になる(図Ⅳ-10-19)。

2) 化学的性質

① **けん化価** 油脂1gをけん化(加水分解)するのに必要な水酸化カリウムのmg数で表す。油脂を構成する脂肪酸の炭化水素鎖の長さとけん化価の大きさは反比例の関係にある。構成する脂肪酸の平均の長さ(炭素数)やトリアシルグリセロールの分子量を計算できる。

② **ヨウ素価** 油脂100gに付加するヨウ素のg数で，構成脂肪酸の不飽和度を示す。

③ **過酸化物価** 油脂1kg中の過酸化物量をミリ当量で表す。

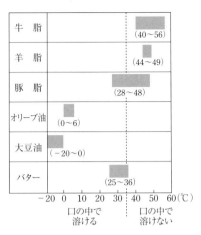

図Ⅳ-10-19　各種脂肪の融点

(6) 脂質の栄養

脂質の生理的燃焼値は1g 9kcal(アトウォーター換算係数)であり，糖質(1g 4kcal)やタンパク質(1g 4kcal)と比較してとても効率のよいエネルギー源である。しかし，過剰摂取は肥満，動脈硬化症，生活習慣病の一因となる。そのため，「日本人の食事摂取基準(2020年版)」(厚生労働省)において，摂取する総エネルギーに占める脂質の割合は，1歳以上は，いずれの年齢においても20～30％が目標とされている。

4. タンパク質

タンパク質はアミノ酸が多数ペプチド結合した高分子化合物である。

構造上の分類として，アミノ酸のみからなる単純タンパク質，糖や脂質や金属などが付加した複合タンパク質，変性または分解した誘導タンパク質があげられる。糖質や脂質との化学組成の違いは，タンパク質分子量の平均16％を窒素が占めていること，また硫黄を約1％含んでいることである。

機能としては，糖質や脂質と同様に熱量素の1つとして生体内でエネルギーを生成すること，また，生体の約20％(成

人約10 kg)を占める重要な体構成成分であり，これらが生体内で，さまざまな重要な生理機能をはたしていることがあげられる(表IV-10-6)。

表IV-10-6　タンパク質の機能による分類

	分　類	代表的なタンパク質
1	構造タンパク質	コラーゲン，ケラチン，エラスチン
2	酵素タンパク質	酸化還元酵素，転移酵素，加水分解酵素
3	運動(収縮)タンパク質	アクチン，ミオシン
4	貯蔵タンパク質	カゼイン，フェリチン
5	輸送タンパク質	トランスフェリン，ヘモグロビン，セルロプラスミン
6	受容体タンパク質	ホルモン受容体
7	防御タンパク質	免疫グロブリン，補体
8	ホルモン	インスリン，グルカゴン，成長ホルモン

(1)　アミノ酸

1)　アミノ酸の構造

1つの分子の中に，アミノ基($-NH_2$)とカルボキシ基($-COOH$)を有する化合物をアミノ酸という。タンパク質を構成するアミノ酸は20種類あり，いずれのアミノ酸もα位の炭素(カルボキシ基の隣の炭素)にアミノ基が結合したα-アミノ酸である。フィッシャーの投影式で表した場合，アミノ基がα位の炭素の右側に結合したものはD型，左側に結合したものはL型である。これらを互いに光学異性体という。天然のアミノ酸およびタンパク質を構成するアミノ酸のアミノ基は，すべて炭素鎖の左側に位置するためL型であり，L-α-アミノ酸である(グリシンを除く)(図IV-10-20)。

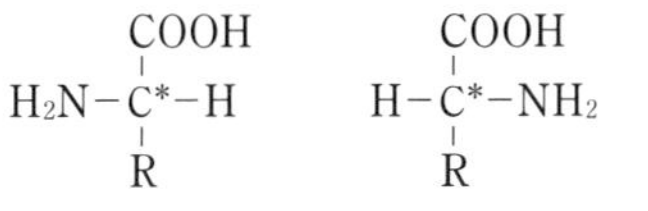

20種類のアミノ酸の違いは側鎖にあり，側鎖の化学構造から表IV-10-7のように分類される。

2)　必須アミノ酸と非必須アミノ酸

20種類のアミノ酸のうち，人体で生合成できないか，できても量的に不十分なアミノ酸を必須アミノ酸といい，9種類ある(表IV-10-7に＊で示した)。これらのアミノ酸は，食事中のタンパク質から必須に摂取しなければならない。そのため，それぞれの必須アミノ酸をバランスよく，多く含むタンパク質が，良質タンパク質といわれる(表IV-10-9参照)。生合成できるアミノ酸を非必須アミノ酸といい11種類ある。

3)　アミノ酸の性質

アミノ酸は両性電解質であり，中性の水溶液中でアミノ基($-NH_2$)はH^+を引きつけて$-NH_3^+$となり，カルボキシ基($-COOH$)はH^+を解離して$-COO^-$となる。すなわち，1つ

図IV-10-20　L-アミノ酸とD-アミノ酸

●グリシン

グリシンのα位の炭素は，不斉炭素ではないため，光学異性体はできない。

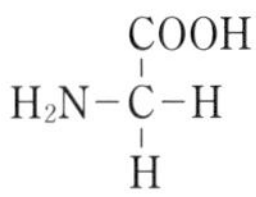

表IV-10-7　タンパク質を構成するアミノ酸

分類	アミノ酸	略号	1文字表記	構　造　式	等電点	味
脂肪族アミノ酸	グリシン	Gly	(G)	CH_2-COOH $\vert$ NH_2	5.97	甘味
	アラニン	Ala	(A)	$CH_3-CH-COOH$ $\vert$ NH_2	6.00	甘味
	バリン*	Val	(V)	$CH_3{\scriptstyle\diagdown}CH-CH-COOH$ $CH_3{\scriptstyle\diagup}\quad\ \vert$ NH_2	5.97	甘味, 苦味
	ロイシン*	Leu	(L)	$CH_3{\scriptstyle\diagdown}CH-CH_2-CH-COOH$ $CH_3{\scriptstyle\diagup}\qquad\qquad\vert$ NH_2	5.98	苦味
	イソロイシン*	Ile	(I)	$CH_3-CH_2{\scriptstyle\diagdown}CH-CH-COOH$ $CH_3{\scriptstyle\diagup}\qquad\vert$ NH_2	6.02	苦味
	セリン	Ser	(S)	$HO-CH_2-CH-COOH$ $\vert$ NH_2	5.68	甘味
	スレオニン*	Thr	(T)	$CH_3-CH-CH-COOH$ $\vert\qquad\vert$ $OH\quad NH_2$	5.60	甘味
酸性アミノ酸	アスパラギン酸	Asp	(D)	$HOOC-CH_2-CH-COOH$ $\vert$ NH_2	2.98	酸味
	グルタミン酸	Glu	(E)	$HOOC-(CH_2)_2-CH-COOH$ $\vert$ NH_2	3.22	うま味, 酸味
酸性アミノ酸のアミド	アスパラギン	Asn	(N)	$H_2NOC-CH_2-CH-COOH$ $\vert$ NH_2	5.41	無味
	グルタミン	Gln	(Q)	$H_2NOC-(CH_2)_2-CH-COOH$ $\vert$ NH_2	5.70	苦味, 酸味
塩基性アミノ酸	リシン*	Lys	(K)	$H_2N-(CH_2)_4-CH-COOH$ $\vert$ NH_2	9.74	苦味
	ヒスチジン*	His	(H)	$\underset{H}{N{\scriptstyle\diagup}\diagdown}NH\ CH_2-CH-COOH$ $\vert$ NH_2	7.59	苦味
	アルギニン	Arg	(R)	$H_2N{\scriptstyle\diagdown}C-NH$ $HN{\scriptstyle\diagup}\quad (CH_2)_3-CH-COOH$ $\vert$ NH_2	10.76	苦味
含硫アミノ酸	メチオニン*	Met	(M)	$CH_3-S-(CH_2)_2-CH-COOH$ $\vert$ NH_2	5.06	苦味
	システイン	Cys	(C)	$HS-CH_2-CH-COOH$ $\vert$ NH_2	5.02	無味
芳香族アミノ酸	チロシン	Tyr	(Y)	$HO-\langle\bigcirc\rangle-CH_2-CH-COOH$ $\vert$ NH_2	5.67	無味
	フェニルアラニン*	Phe	(F)	$\langle\bigcirc\rangle-CH_2-CH-COOH$ $\vert$ NH_2	5.48	苦味
複素環式アミノ酸	トリプトファン*	Trp	(W)	$CH_2-CH-COOH$ $\vert$ NH_2	5.88	苦味
	プロリン	Pro	(P)	$CH-COOH$ NH	6.30	甘味, 苦味

＊必須アミノ酸

のアミノ酸分子の中に，陽（＋）イオンと陰（－）イオンが存在した両性イオン（双性イオン）となっている。

　アミノ酸の荷電状態は溶液のpHによって変化し，陽イオンと陰イオンの電荷が等しくなるpHを等電点という。側鎖

にさらにカルボキシ基やアミノ基をもつアミノ酸もあるため、等電点はアミノ酸によって異なる(表IV-10-7参照)。

等電点より酸性溶液下では、$-COO^-$は$-COOH$となって陰イオンはなくなり、陽イオンのみとなる。塩基性下では反対に、$-NH_3^+$は$-NH_2$となり陽イオンはなくなり、陰イオンのみとなる(図IV-10-21)。

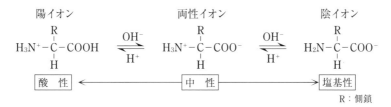

図IV-10-21　アミノ酸の両性イオン

(2)　タンパク質

1)　ペプチド結合とペプチド

アミノ酸のカルボキシ基と別のアミノ酸のアミノ基が脱水縮合した結合をペプチド結合といい、生成したものをペプチドという。2つのアミノ酸、3つのアミノ酸、約10個以下のアミノ酸、それ以上のアミノ酸が結合したものをそれぞれ、ジペプチド、トリペプチド、オリゴペプチド、ポリペプチドという(図IV-10-22)。

●ジペプチドの例

合成甘味料のアスパルテームは、アスパラギン酸とフェニルアラニンメチルエステルがペプチド結合したジペプチドである。また醤油中には、大豆や小麦の分解物であってうま味の元になる低分子ペプチドやアミノ酸が多く含まれている。

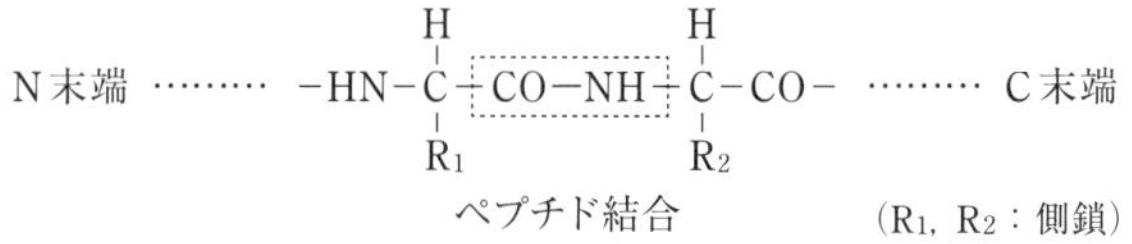

N末端 ……　$-HN-\overset{\overset{H}{|}}{C}-CO-NH-\overset{\overset{H}{|}}{C}-CO-$ …… C末端
　　　　　　　　　　R_1　　　　　　　　R_2
　　　　　　　　　　　ペプチド結合　　　　(R_1, R_2：側鎖)

図IV-10-22　アミノ酸のペプチド結合

2)　タンパク質の構造を決める遺伝情報

タンパク質はポリペプチドであり、多数のアミノ酸がペプチド結合して生成されるが、結合するアミノ酸の種類、順序や数(アミノ酸配列)はタンパク質によって異なる。なぜならば、タンパク質のアミノ酸配列は、生物固有のデオキシリボ核酸(DNA)の中に遺伝情報(設計図に相当)として記されており、それに従って3種類のリボ核酸(RNA)が転写、翻訳という作業をおこなうことにより情報通りにアミノ酸を連結し

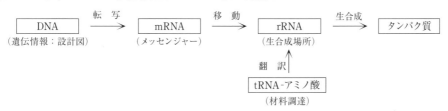

図IV-10-23　タンパク質合成の流れ

て，タンパク質を合成するからである。このような流れをセントラルドグマという（図IV-10-23）。タンパク質は，分子量は1万から10万くらいの高分子化合物であることが多いが，それ以外の大きさのものもある。

3）タンパク質の一次構造から四次構造まで

① **一次構造**　タンパク質を構成するアミノ酸の配列順序を一次構造という。

② **二次構造**　ポリペプチド鎖は直鎖状ではなく，部分的にα-ヘリックス構造（らせん構造），β-シート構造（ひだ状構造），ランダムコイル（不定形）を形づくっている。これらの構造を二次構造という。

③ **三次構造**　二次構造を維持しながら，ポリペプチド鎖がさらに三次元的に折りたたまれて，できた立体構造を三次構造という。

④ **四次構造**　タンパク質の中には，1本のポリペプチド鎖ではなく，複数のポリペプチド鎖の集合（会合）により1つのタンパク質として機能をはたすものがある。複数のポリペプチド鎖が集合した形を四次構造という。それぞれのポリペプチド鎖をサブユニット（単量体）という。

　例えば，乳酸脱水素酵素（LDまたはLDHと略称）は，2種類のサブユニット（単量体：HとM）が，組み合わせを変えて4個会合してできた（4量体）5種類のタンパク質である（H_4，H_3M，H_2M_2，HM_3，M_4）。これをアイソザイムという。また赤血球中にあって酸素を運搬するヘモグロビンは，α鎖とβ鎖の2種類のポリペプチド鎖がそれぞれヘムに結合し，それが2個ずつ会合してできた4量体である（図IV-10-24）。

● **タンパク質の三次構造**

　タンパク質分子内でアミノ酸の側鎖間で水素結合・ジスルフィド結合・静電結合などが起こり，立体構造を維持する。

● **LDアイソザイム**

　5種類のアイソザイムの存在比は生体内臓器によって異なる。このため血中に漏出したLDのアイソザイムパターンを調べることにより，疾患のある臓器を推定することができる。

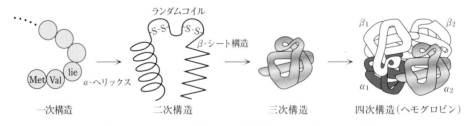

図IV-10-24　タンパク質の三次構造とヘモグロビンの四次構造

（久保田・森光編：食品学，2008）

（3）タンパク質の性質

1）電気的性質

　タンパク質は両性電解質である。すなわち，タンパク質の構造の両端はアミノ基（N末端）とカルボキシ基（C末端）であり，さらに構成アミノ酸の側鎖にも，アミノ基やカルボキシ基

● **電気泳動**

　タンパク質の等電点が異なるため，荷電の差を利用して溶液中の複数のタンパク質を電気的に分離する操作が行われる。

をもつものがある。アミノ基($-NH_2$)やカルボキシ基($-COOH$)は溶液のpHにより，$-NH_3^+$や$-COO^-$などのイオンになることがある。タンパク質分子全体の荷電は，構成するアミノ酸やpHによって異なる。あるpHにおいて正味の荷電がゼロになる（＋イオンと－イオンの数が等しくなる）とき，このpHを等電点という。タンパク質によって等電点は異なる（表IV-10-8）。

等電点では分子間の静電気的反発が最小になるため，タンパク質は沈殿しやすくなる。これを等電点沈殿という。このことを利用した調理例として，落とし卵の調理で，水に食酢を加えておくと卵は凝固しやすくなる。また，ヨーグルト調製におけるカゼイン沈殿も，乳酸菌の働きによるpHの低下により，等電点に近づいたためである。

2）溶解性

アミノ酸のみから構成されるタンパク質（単純タンパク質）には，水，塩類，酸やアルカリ，アルコールなどに対する溶解度の違いがみられる。この違いをもとにタンパク質を分離する方法がある。例えば，アルブミンは50％飽和硫酸アンモニウム（硫安）では沈殿しないが，グロブリンは沈殿する。

3）変性

タンパク質は加熱，撹拌，凍結などの物理的要因や，酸やアルカリ，塩，有機溶媒などの化学的要因により，立体構造が変化することがある。このとき一次構造は変化せず，高次構造（二次，三次，四次）が変化する。これを変性といい，調理過程ではよく見られる現象である。

例えば，肉を加熱すると表面が白く変化する，卵白を撹拌すると泡立つ（メレンゲ調製），魚を食酢につけると白くなり締まる（酢締め），卵が加熱によりゆで卵になる，などはいずれもタンパク質の変性によるものである。

（4）タンパク質の栄養

タンパク質はエネルギー源としての役割があり，生理的燃焼値は4kcal/g（アトウォーター換算係数）である。

食品中のタンパク質が，生体タンパク質を合成する材料となるという役割はさらに重要である。しかし，食品中のタンパク質が取り込まれて一様に生体タンパク質の材料として利用されるわけではなく，構成するアミノ酸の種類と量によって生体への利用率は異なる。すなわち，すべての必須アミノ酸が充分量存在することが，利用率増加に重要であるため，

表IV-10-8　おもなタンパク質の等電点

名　　称	等電点	含有食品
オボアルブミン	4.5	卵白
カゼイン	4.6	牛乳
グリシニン	4.3	大豆
グルテニン	4.4	小麦

●タンパク質の塩による溶解

魚肉や畜肉中のタンパク質の，アクチンやミオシンは塩溶性であるため，ひき肉などを塩（2～10％）とともに錬ると溶解してアクトミオシンを形成し，ねばりがでる。

●タンパク質の変性を利用した食品加工例

凍り豆腐：凍結によるスポンジ状組織の形成

生ハム：豚肉の塩漬，燻煙，乾燥

ピータン（皮蛋）：卵を卵殻ごとアルカリ性の草木灰でおおい，アルカリを卵内部へ浸透・凝固

タンパク質の栄養価の判定がおこなわれる。

栄養価判定法

タンパク質の栄養価を評価する方法には，生物学的方法と化学的方法がある。

生物学的方法は，動物への供試タンパク質の体内利用率から判定する方法である。

化学的方法のうち，「アミノ酸価（アミノ酸スコア）」が近年最も利用される評価法である。これはヒトが必要とする必須アミノ酸量（アミノ酸評点パターン FAO/WHO 1973，FAO/WHO/UNU 1985）に対する，評価対象食品中のタンパク質のそれぞれの必須アミノ酸量の割合を％で算出したものである。最低値となったアミノ酸を第一制限アミノ酸として，その値を対象食品タンパク質のアミノ酸価とする。上限を100として表し，100に近いほど良質のタンパク質であるとする。

● 生物学的方法
① タンパク質効率：摂取タンパク質1g当たりの動物の体重増加量を示したもの。
② 生物価：吸収された窒素のうち，体内に保留された窒素の割合（％）を示したもの。

表IV-10-9　主な食品のアミノ酸価

食　品	1973年		1985年	
	アミノ酸価	第一制限アミノ酸	アミノ酸価	第一制限アミノ酸
植物性食品				
精白米	65	リシン	61	リシン
小麦（薄力粉）	44	リシン	42	リシン
そば粉（全層粉）	92	イソロイシン	100	
大豆	86	含硫アミノ酸	100	
とうもろこし	32		31	リシン
動物性食品				
肉類（豚肉）	100		100	
肉類（牛肉）	100		100	
魚類（アジ）	100		100	
魚類（マグロ）	100		100	
鶏卵	100		100	
牛乳	100		100	

1973年（FAO/WHO）の評点パターンより算定
1985年（FAO/WHO/UNU）の評点パターンより算定

5　ビタミン

ビタミンは，19世紀の末期から20世紀の前半にかけて続々と発見された微量栄養素である。ビタミンは生体内では合成されないか，または合成されても不充分であるため，必ず食品から摂取しなければならない。

発見された当時は化学構造が不明であったため，発見順にアルファベットや数字を使って命名していたが，現在は化学

● 鈴木梅太郎
日本人で，1911年に米ぬかから，かっけの有効成分を抽出してオリザニンと命名した。これが後のビタミン B_1 である。

構造が解明され正式な名称がつけられている。

　ビタミンは種類により機能が異なるが，いずれも微量で生体内で重要な生理機能をはたしており，酵素反応の補酵素として働くものもある。そのため，摂取不足になると，かっけや壊血病やペラグラなどの欠乏症が引き起こされるため，古い時代から近年まで世界中の多くの人々を苦しませてきた。

　主要なビタミンとして，脂溶性ビタミン4種類と，水溶性ビタミン9種類がある（表IV-10-10）。

（1）脂溶性ビタミン

　ビタミンA，D，E，Kは脂溶性ビタミンである。

　脂溶性ビタミンが，生体内でそれぞれ表IV-10-10に示したような重要な生理機能を担っているため，摂取不足により各ビタミン特有の欠乏症が引き起こされる。しかし一方，過剰摂取は肝臓に蓄積されて，過剰症を引き起こすこともある。

●脂溶性ビタミン
　胆汁酸と結合して小腸で吸収される。吸収後は主にリポタンパク質と結合して体内を輸送される。

表IV-10-10　ビタミンの生理作用

ビタミンの名称		生理作用	欠乏症	食品例
総称名	化合物名			
ビタミンA	レチノール	視機能 上皮組織の維持	夜盲症，感染抵抗力の低下，上皮組織の角化	レバー，ウナギ，卵黄，バター
ビタミンD	カルシフェロール	Caの吸収 骨の石灰化	くる病，骨軟化症	ウナギ，シラス干し，青魚，干しシイタケ，キクラゲ
ビタミンE	トコフェロール	抗酸化作用 生体膜の維持	ラットの卵子・精子の発育不全	米・小麦胚芽油，サフラワー油，緑葉野菜，アーモンド，キャベツ
ビタミンK	フィロキノン メナキノン	血液凝固作用	血液凝固遅延	レバー，納豆，チーズ，緑葉野菜，トマト
ビタミンB$_1$	チアミン	糖質代謝の補酵素（TPP） 神経系の機能調整	かっけ，ウエルニッケ脳症	米ぬか，胚芽，豚肉，ゴマ，豆類，ニンニク
ビタミンB$_2$	リボフラビン	酸化還元反応の補酵素（FAD）	口内炎，口角炎	レバー，卵黄，干しシイタケ，緑葉野菜，チーズ，肉類
ビタミンB$_6$	ピリドキシン ピリドキサール ピリドキサミン	アミノ酸代謝の補酵素（PLP）	ラットの皮膚炎	レバー，牛肉，魚類，卵，大豆
ナイアシン	ニコチン酸 ニコチンアミド	酸化還元反応の補酵素（NAD，NADP）	ペラグラ	レバー，肉類，魚類，豆類，キノコ
パントテン酸	パントテン酸	アシル基転移反応の補酵素（CoA）	鶏の皮膚炎	レバー，肉類，魚類，大豆，牛乳
葉酸	プトロイルトリグルタミン酸	C$_1$個単位の転移反応の補酵素（THFA）	巨赤芽球性貧血	レバー，緑葉野菜
ビタミンB$_{12}$	コバラミン	メチル基の転移反応の補酵素	巨赤芽球性貧血	レバー，肉類，魚介類，牛乳，チーズ
ビオチン	ビオチン	CO$_2$加除反応の補酵素	湿疹性皮膚炎	レバー，胚芽，エンドウ
ビタミンC	アスコルビン酸	酸化還元反応や水酸化反応の補酵素	壊血病	緑黄色野菜，果物，緑茶

（表の左端に縦書きで「脂溶性ビタミン」「水溶性ビタミン」の区分が記載されている）

脂溶性であるため，これらのビタミンを含む食材を油と共に調理することにより，体内への吸収効率が上昇する。

(2)　水溶性ビタミン

ビタミンＢ群とビタミンＣに分類される。Ｂ群はさらにB_1，B_2，ニコチン酸（ナイアシン），パントテン酸，B_6，ビオチン，B_{12}，葉酸に分類される。

機能としては，三大栄養素の代謝に関与する酵素の補酵素（酵素の補欠分子族）として働くものが多い。

水溶性であるため，過剰摂取しても尿中に排泄されるので過剰症はおこりにくい。しかし逆に体内蓄積ができないため，日常の食生活での摂取不足により欠乏症をおこしやすい。

●酵素の構成

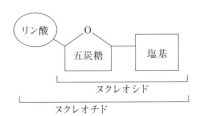

6　ヌクレオチドと核酸

(1)　ヌクレオチドの構造

ヌクレオチドは，塩基＋五炭糖＋リン酸（リン酸は複数個結合している場合もある）からなる化合物の総称である。リン酸基を除いた部分をヌクレオシドという。ヌクレオチドは，デオキシリボ核酸（DNA）やリボ核酸（RNA）構造の基本単位である（図Ⅳ-10-25）。

生命活動のためのエネルギー貯蔵化合物である ATP（アデノシン-5′-三リン酸：通常はアデノシン三リン酸という）や，細胞内の情報伝達に関与する cAMP（サイクリックアデノシン3′,5′-一リン酸：通常はサイクリック AMP という）はヌクレオチドである。補酵素として働く NAD や FAD などの構成成分の一部はヌクレオチドである。

(2)　塩　基

核酸化学の分野では，窒素を含む複素環式化合物を塩基と総称している。

ヌクレオチドを構成する塩基の基本構造には，プリン環とピリミジン環の2種類がある（図Ⅳ-10-26）。アデニン（A）とグアニン（G）はプリン塩基であり，シトシン（C），チミン（T），ウラシル（U）はピリミジン塩基である。各ヌクレオチドには，これらのうち1つが使用される。

(3)　五炭糖

単糖類の1つである五炭糖のリボースが構成成分となって

図Ⅳ-10-25　ヌクレオチドとヌクレオシドの模式図

●NAD

ニコチンアミドアデニンジヌクレオチドの略。分子内にナイアシン（ビタミンの一種）を有し，2個のヌクレオチドから成る。さらに1つリン酸基が結合すると NADP になる。

●FAD

フラビンアデニンジヌクレオチドの略。分子内にビタミン B_2（＝リボフラビン）を有し，2個のヌクレオチドからなる。1個のヌクレオチドからなる場合は FMN（フラビンモノヌクレオチド）となる。

NAD も FAD も酸化還元反応の補酵素として働く。

いる。リボースから酸素が1個失われたデオキシリボースは，DNAの五炭糖部分である。塩基と五炭糖が結合してヌクレオシドを形成する。

塩　基		ヌクレオシド	ヌクレオチド
環の名称	化学構造	化合物名	塩基＋五炭糖	塩基＋五炭糖＋リン酸
		X＝H	X＝五炭糖	X＝五炭糖＋リン酸
プリン環	（アデニンの構造式）	アデニン（A）	アデノシン	アデニル酸（アデノシン一リン酸）（AMP）
プリン環	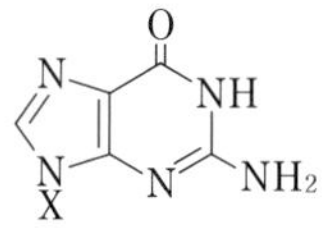 （グアニンの構造式）	グアニン（G）	グアノシン	グアニル酸（グアノシン一リン酸）（GMP）
ピリミジン環	（シトシンの構造式）	シトシン（C）	シチジン	シチジル酸（シチジン一リン酸）（CMP）
ピリミジン環	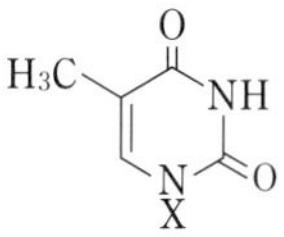 （チミンの構造式）	チミン（T）	チミジン（デオキシチミジン）	チミジル酸（チミジン一リン酸）（TMP）（デオキシチミジル酸）
ピリミジン環	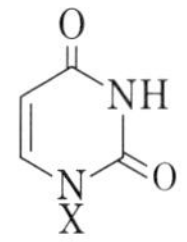 （ウラシルの構造式）	ウラシル（U）	ウリジン	ウリジル酸（ウリジン一リン酸）（UMP）

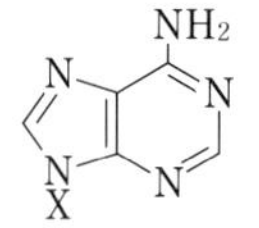

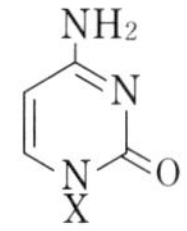

注：DNAの五炭糖部分はデオキシリボース，RNAはリボースが使われる。

図IV-10-26　塩基とヌクレオシドとヌクレオチド

（4）　代表的なヌクレオチド

1）　ATP（アデノシン三リン酸）

食物の摂取・代謝により生成されたエネルギーの貯蔵化合物である。アデニン，リボース，3つのリン酸からなり，リン酸結合間にエネルギーを有する高エネルギーリン酸化合物

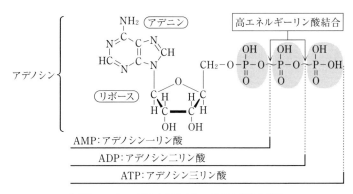

図IV-10-27　ATP（アデノシン三リン酸）の構造

である。生物が生命活動や生活活動のためにエネルギーを必要とするとき，ATP のリン酸基が1つはずれて ADP になり，7.3 kcal/mol のエネルギーが放出される（図 IV-10-27）。

2）イノシン酸（IMP）

うま味を呈する代表的なヌクレオチドである。鰹節（かつおぶし）からとった鰹だしや煮干しだしのうま味の主成分はいずれもイノシン酸であり，だしが命（いのち）とされている日本料理において重要なヌクレオチドである。動物が死んだときに，体内にあるATP の分解が始まり，その過程で IMP が生成する。

構造はヒポキサンチン，リボース，リン酸からなる。生化学的には，アデニル酸やグアニル酸の生合成経路の中間物質として重要である。

3）グアニル酸（GMP）

干しシイタケのうま味の主成分である。グアニン，リボース，リン酸からなる。干しシイタケの水戻し過程で，リボ核酸（RNA）が酵素により分解されて GMP が生成する。水温によってはさらに別の酵素による分解反応が強くおこり，リン酸基がはずれてグアノシンになりうま味が低下する。そのため干しシイタケの水戻しは，室温より低い温度で行うほうがGMP 量が多くなる。

● ATP の分解

ATP → ADP → AMP →
IMP → イノシン → ヒポキサンチン

〔IMP〕

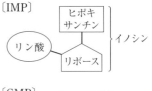

〔GMP〕

（5）核酸

1）DNA（デオキシリボ核酸）

人体を構成する細胞の中心に核があり，酸性を示す物質が存在することから，この物質は核酸とよばれていた。分析機器や科学知識の進歩により構造が解明された。

核に含まれる DNA は遺伝情報（ゲノム）を有し，各生物体の設計図の役割をはたしている。DNA は多数のヌクレオチドが結合した逆平行に並んだ二本鎖からなり，これが二重らせん構造となって存在している。二本鎖の向かい合う塩基の組み合わせは決まっており，アデニン（A）とチミン（T），グアニン（G）とシトシン（C）が水素結合して二本鎖を固定している。これを相補的塩基対という（図 IV-10-28）。

表 IV-10-11　核酸の構成成分

	塩　基	五炭糖	リン酸	備　考
DNA	アデニン（A），グアニン（G），シトシン（C），チミン（T）	デオキシリボース	リン酸	二本鎖
RNA	アデニン（A），グアニン（G），シトシン（C），ウラシル（U）	リボース	リン酸	一本鎖

ヒトゲノムは，30億塩基対からなり，1つの体細胞には2セットの塩基対からなるDNAが存在する。これが染色体（クロモソーム）上に，分割して存在している。

2) RNA（リボ核酸）

　1本鎖からなり，DNAの遺伝情報に従ってタンパク質を合成する役目をもつ。RNAは3種類あり，DNAの情報を転写してリボソームまで運ぶmRNA，細胞質上のタンパク質合成場所であるリボソームを構築するrRNA，mRNAの情報を翻訳してアミノ酸を連結してタンパク質を合成するtRNAである。

　タンパク質生合成の流れは図IV-10-23に記した。

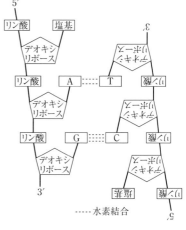

図IV-10-28　DNAの二本鎖

7　水

(1)　体内での水の役割と体液

　水は生命の維持に最も重要なもので，体重の約60％を占めている。体内での役割としては，多種類の酵素や電解質を溶かし込む溶媒として，また栄養素や酸素，二酸化炭素，ホルモン，老廃物などを体内の所定の場所へ輸送する手段としての役割がある。さらに比熱（15℃で1cal/g）と気化熱（＝蒸発熱，25℃で582.8cal/g）が大きいため，外界の気温の変化による体温の変動を抑え，体温の維持に役立っている。

　電解質や栄養素を溶かし込んでいる液体を体液という。体液の3分の2（体重の40％）は，細胞内にあるので細胞内液といい，3分の1（体重の20％）は細胞外にあるので細胞外液という。細胞外液のうち3/4は細胞間液で，1/4は血漿やリンパ液である。ただし，体液の体重に対する割合は，加齢とともに減少する。

表IV-10-12　体液の体内分布と体重に対する割合（モデル：体重60kgの成人男性）

体　液		体液に対する割合	液　量	体重に対する割合
細胞内液		3分の2	24L	40％
細胞外液	細胞間液	3分の1	9L	15％
	血漿，リンパ液		3L	5％

(2)　人体における水の出納

　日常生活は人体では，平均して1日に約2.4Lの水の出納がある。水の摂取は，飲物や食物からが大部分で約2.1Lあり，このほかに栄養素が体内で酸化されて生じる代謝水（燃焼水）がある。一方，水の排泄は，尿や糞便によるものが約

1.6Lあり，その他に汗，呼吸などの不感蒸泄によるものがある。

これらの値は個人差や季節による変動も大きいが，いずれにしても水の出納はおよそ同量となり，体内での水平衡が保たれている。

(3) 食品中の水

一般的な食生活では，人は1日に約2.1Lの水を食物や飲物から摂取する。食品の水分含量は高く，大半の食品は60〜90％である。米類や乾物の豆類は10数％と低いが，加熱調理操作の過程で水を吸収して飯は約60％となり，豆類も茹で調理後は60％を超える。

食品に含まれる水の存在状態として，自由水と結合水の2通りがある。自由水は食品中の成分に影響されず，溶質を溶かし，蒸発，移動，氷結など自由に変化することが可能である。それに対して結合水は，水分子が食品中の成分と水素結合していて容易に移動することができない。そのため，蒸発や氷結などは起こりにくく，また溶媒として溶質を溶解する

表IV-10-13　成人の平均的な1日の水の出納量

入		出	
飲　物	1,100 mL	尿	1,500 mL
食　物	1,000 mL	大　便	100 mL
代謝水	300 mL	不感蒸泄 (呼気と皮膚)	800 mL
計	2,400 mL	計	2,400 mL

表IV-10-14　食品の水分活性と水分含量

微生物の生育域(Aw)	水分活性 (Aw)	食品名	個別食品の水分含量(％)	
自由水の割合が多い	1.00〜0.95	生鮮魚介類，食肉，野菜，果物	さんま	55.8
			牛肉(かたロース)	47.9
			温州みかん	86.9
			牛乳	87.4
細菌(0.9)	0.95〜0.90	プロセスチーズ，パン類，甘塩鮭	プロセスチーズ	45.0
			食パン	38.0
			甘塩鮭	63.6
酵母(0.88)	0.90〜0.80	ジャム，イカの塩辛，加糖練乳	いちごジャム(高糖度)	36.0
			加糖練乳	25.7
カビ(0.8)	0.80〜0.70	佃煮，辛口シャケ	佃煮(いかなご)	26.9
			辛口鮭	63.6
	0.70〜0.60	精白米，豆類	精白米	15.5
			大豆	12.5
	0.60〜0.50	小麦粉，チョコレート	小麦粉(薄力粉)	14.0
			チョコレート	0.5
	0.5〜0.3	ココア，ポテトチップス，ビスケット	ココア(ミルクココア)	1.6
			ポテトチップス	2.0
結合水の割合が多い	0.2	粉ミルク，緑茶	緑茶	2.8
			粉ミルク(調製粉乳)	2.6

ことができないし，微生物の生育もおこりにくい。

　食品における自由水と結合水の割合が微生物の生育に大きな影響を与えるため，同じ水分含量の食品でも保存性が異なる。これを説明するために水分活性(Aw)という概念が用いられている。すなわち，ある一定の温度における食品の蒸気圧(P)を，同じ温度における純水の蒸気圧(Po)で除した値を水分活性という。

　水分活性が高いほど，自由水の割合が大きく，微生物が生育・繁殖しやすい。逆に低いほど，結合水の割合が大きく，微生物の増殖を抑制する。

$$水分活性(Aw) = \frac{食品の蒸気圧(P)}{純水の蒸気圧(Po)}$$

　微生物が繁殖するのに必要な最低の水分活性は，一般的にカビで0.80，酵母(イースト)では0.88，細菌では0.90といわれている。逆に0.7より小さくなると微生物は繁殖しない。野菜，果物，肉，魚などの生鮮食品は水分活性が0.95以上と高いため，微生物が繁殖しやすい。穀類や豆類は0.6〜0.7であり，微生物は繁殖できず保存性が高い。ジャムや漬け物などは，大量の砂糖や塩を使っているため水分活性が低下しており，保存性が高くなっている。乾燥食品は水分含量が低いため，さらに水分活性が低い。ジャムや佃煮などの水分活性が0.85〜0.65の食品を中間水分食品といい，保存性があり，かつ適度の水分量があるため食べやすい。

　中間水分食品では，非酵素的褐色反応(アミノカルボニル反応)が起こりやすいが，脂質の酸化反応は起こりにくい。

　脂質の酸化は，水分活性が0.3〜0.4で最も抑制されるが，さらに水分活性が低下すると，逆に促進される。

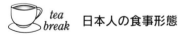

日本人の食事形態

　日本人の食事は基本的に主食，副食(主菜と副菜)，汁物から成り立っている。
　主食として，ごはんやパンや麺類を食べることにより，栄養素として糖質(炭水化物)が摂取される。糖質は4kcal/gのエネルギーを体内で生成する。主菜として肉，魚，卵，大豆，乳製品などを食べることにより，栄養素としてタンパク質や脂質が摂取され，そのタンパク質は体の構成成分になる。タンパク質はエネルギー源でもあり4kcal/g生成する。脂質は同様に9kcal/g生成する。副菜として野菜，果物，海藻などを食べることにより，栄養素としてミネラルやビタミンが摂取され，体の構成成分となったり，代謝の潤滑油としての役割をはたす。
　日本人の長寿の原因の1つは，このような五大栄養素をバランス良く摂取する食生活にある。
　和食は2013年ユネスコ(国連教育科学文化機関)において，「食の無形文化遺産保護条約」に登録された。その理由は，多様で新鮮な食材の使用，栄養バランスの良さ，季節感の重視，年中行事特有の食べ物の存在などが評価されたためである。

参考図書

ダイナミックワイド図説化学：東京書籍

絵ときでわかる基礎化学：オーム社

改定新編 化学高等学校理科用：東京書籍

改定新編 化学基礎高等学校理科用：東京書籍

冨田功ら，よくわかる化学基礎＋化学：学術プラス

井口洋夫ら，これだけはおさえたい化学：実教出版

左巻健男，こんなに変わった理科教科書：ちくま書房

岡野雅司，岡野の化学をはじめからていねいに／理論化学編：東進ブックス

齋藤勝裕，図説雑学やさしくわかる化学のしくみ：ナツメ社

日本化学会編，化学，意表を突かれる身近な質問，講談社ブルーバックス

齋藤勝裕，休み時間の物理化学：講談社

吉岡甲子郎，無機化学：東京大学出版会

千葉百子ら，健康と元素：南山堂

日本化学会，化学 入門編：化学同人

齋藤清司，光学 基礎のきそ：日刊工業新聞

白石清，絶対わかる熱力学：講談社サイエンティフィング

化学工学会 SCE. Net 編，はじめて学ぶ熱・エネルギー：工業調査会

青山知樹，手にとるように物理学がわかる本：かんき出版

川村康文，物理学がわかる：技術評論社

潮 秀樹，単位の本質：技術評論社

ニュートン別冊，光とは何か？： ニュートンプレス

小林彰夫，有機化合物の見方・考え方：弘学出版

原田義也，生命科学のための有機化学：東京大学出版会

井内岩夫，医学生の化学：廣川書店

青柳康夫ら，新版食品学Ⅰ（第2版），新版食品学Ⅱ（第2版）：建帛社

江指隆年ら，基礎栄養学，第二版：同文書院

日本人の食事摂取基準(2020年版)：第一出版

食品成分表2022：女子栄養大学出版部

練 習 問 題 —— 国家試験対策

人体の構造機能及び疾病の成り立ち

（2021年35回）

ヒトの細胞の構造と機能に関する記述である。最も適当なのはどれか。1つ選べ。

- (1) 細胞膜には，コレステロールが含まれる。
- (2) 核では，遺伝情報の翻訳が行われる。
- (3) プロテアソームでは，たんぱく質の合成が行われる。
- (4) リボソームでは，グリコーゲンの合成が行われる。
- (5) ゴルジ体では，酸化的リン酸化が行われる。

解答：1

正文(1) ○
- (2) 核では，遺伝情報の転写が行われる。
- (3) プロテアソームでは，たんぱく質の分解が行われる。
- (4) リボソームでは，たんぱく質の合成が行われる。
- (5) ゴルジ体では，糖鎖の付加が行われる。

人体の構造機能及び疾病の成り立ち

（2015年29回）

ヒトの細胞の構造と機能に関する記述である。正しいのはどれか。1つ選べ。

- (1) ミトコンドリアでは，解糖系の反応が進行する。
- (2) 粗面小胞体では，ステロイドホルモンの合成が行われる。
- (3) ゴルジ体では，脂肪酸の分解が行われる。
- (4) リソソームでは，糖新生が行われる。
- (5) iPS細胞（人工多能性幹細胞）は，神経細胞に分化できる。

解答：5

正文(1) ミトコンドリアでは，クエン酸回路の反応が進行する。
- (2) 粗面小胞体では，分泌たんぱく質の合成が行われる。
- (3) ミトコンドリアでは，脂肪酸の分解が行われる。
- (4) 細胞質基質では，糖新生が行われる。
- (5) ○ （解説：iPS細胞は，あらゆる細胞に分化できる能力を備えている。）

（2020 年 34 回）

糖・甘味類と構成糖の組合せである。正しいのはどれか。1つ選べ。

(1)　マルトース————グルコースとフルクトース

(2)　ラクトース————グルコースとガラクトース

(3)　スクロース————グルコースとグルコース

(4)　トレハロース————フルクトースとフルクトース

(5)　ソルビトール————ガラクトースとガラクトース

解答：2

正文(1)　マルトース————グルコースとグルコース

(2)　○

(3)　スクロース————グルコースとフルクトース

(4)　トレハロース————グルコースとグルコース

(5)　ソルビトール————グルコースの還元型（糖アルコール）

人体の構造と機能及び疾病の成り立ち

（2011 年 25 回）

糖質に関する記述である。正しいのはどれか。

(1)　ガラクトースは，六炭糖のアルドースである。

(2)　グルクロン酸は，グルコースの還元によって生じる。

(3)　マルトースは，α-1,6-グリコシド結合をもつ。

(4)　でんぷんは，β-1,4-グリコシド結合をもつ。

(5)　ラクトースは，α-1,4-グリコシド結合をもつ。

解答：1

正文(1)　○

(2)　グルクロン酸は，グルコースの酸化によって生じる。

(3)　マルトースは，α-1,4-グリコシド結合をもつ。

(4)　でんぷんは，α-1,6-グリコシド結合とα-1,4-グリコシド結合をもつ。

(5)　ラクトースは，β-1,4-グリコシド結合をもつ。

人体の構造と機能及び疾病の成り立ち

（2018年32回）

> 脂質に関する記述である。正しいのはどれか。1つ選べ。
>
> (1) ドコサヘキサエン酸は，中鎖脂肪酸である。
> (2) アラキドン酸は，n-3系脂肪酸である。
> (3) ジアシルグリセロールは，複合脂質である。
> (4) 胆汁酸は，ステロイドである。
> (5) スフィンゴリン脂質は，グリセロールを含む。

解答：4

正文(1) ドコサヘキサエン酸は，長鎖脂肪酸である。
　　(2) アラキドン酸は，n-6系脂肪酸である。
　　(3) ジアシルグリセロールは，単純脂質である。
　　(4) ○
　　(5) スフィンゴリン脂質は，スフィンゴシンを含む。

食べ物と健康

（2020年34回）

> 食品の脂質に関する記述である。最も適当なのはどれか。1つ選べ。
>
> (1) 大豆油のけん化価は，やし油より高い。
> (2) パーム抽のヨウ素価は，いわし油より高い。
> (3) オレイン酸に含まれる炭素原子の数は，16である。
> (4) 必須脂肪酸の炭化水素鎖の二重結合は，シス型である。
> (5) ドコサヘキサエン酸は，炭化水素鎖に二重結合を8つ含む。

解答：4

正文(1) 大豆油のヨウ素価は，やし油より高い。
　　(2) パーム抽のけん化価は，いわし油より高い。
　　(3) オレイン酸に含まれる炭素原子の数は，18である。
　　(4) ○
　　(5) ドコサヘキサエン酸は，炭化水素鎖に二重結合を6つ含む。

（2020年34回）

アミノ酸と糖質に関する記述である。最も適当なのはどれか。1つ選べ。

(1) 人のたんぱく質を構成するアミノ酸は，主に D 型である。

(2) アルギニンは，分枝アミノ酸である。

(3) チロシンは，側鎖に水酸基をもつ。

(4) グルコースの分子量は，ガラクトースの分子量と異なる。

(5) グリコーゲンは，β-1,4グリコシド結合をもつ。

解答：3

正文(1) 人のたんぱく質を構成するアミノ酸は，L 型である。

(2) アルギニンは，塩基性アミノ酸である。

(3) ○

(4) グルコースの分子量は，ガラクトースの分子量と同じである。

(5) グリコーゲンは，α-1,4グリコシド結合をもつ。

（2019年33回）

たんぱく質，糖質および脂質に関する記述である。正しいのはどれか。1つ選べ。

(1) βシートは，アミノ酸側鎖間の結合により形成される。

(2) たんぱく質の4次構造は，複数のサブユニットで形成される。

(3) フルクトースは，ラクトースの構成要素である。

(4) ヒアルロン酸は，長鎖脂肪酸である。

(5) 人体を構成する不飽和脂肪酸の大部分は，トランス型である。

解答：2

正文(1) βシートは，ペプチド鎖間の水素結合により形成される。

(2) ○

(3) フルクトースは，スクロースの構成要素である。

(4) ヒアルロン酸は，直鎖状のムコ多糖（グリコサミノグリカン）の一種である。

(5) 人体を構成する不飽和脂肪酸の大部分は，シス型である。

（2021年35回）

> 脂溶性ビタミンに関する記述である。最も適当なのはどれか。1つ選べ。
>
> （1）　吸収された脂溶性ビタミンは，門脈に流れる。
> （2）　ビタミンAは，遺伝子発現を調節する。
> （3）　ビタミンDは，腸内細菌により合成される。
> （4）　ビタミンEは，膜脂質の酸化を促進する。
> （5）　ビタミンKは，血液凝固を抑制する。

　　　解答：2

正文（1）　吸収された水溶性ビタミンは，門脈に流れる。
　　（2）　○
　　（3）　ビタミンDは，腸内細菌により合成されない。
　　（4）　ビタミンEは，膜脂質の酸化を抑制する。
　　（5）　ビタミンKは，血液凝固を促進する。

人体の構造と機能及び疾病の成り立ち

2019年33回

> 核酸の構造と機能に関する記述である。正しいのはどれか。1つ選べ。
>
> （1）　RNA鎖は，2重らせん構造をとる。
> （2）　DNA鎖でアデニンに対応する相補的塩基は，シトシンである。
> （3）　ヌクレオチドは，六炭糖を含む。
> （4）　DNAからmRNA（伝令RNA）が合成される過程を，翻訳と呼ぶ。
> （5）　尿酸は，プリン体の代謝産物である。

　　　解答：5

正文（1）　RNA鎖は，1本鎖構造をとる。
　　（2）　DNA鎖でアデニンに対応する相補的塩基は，チミンである。
　　（3）　ヌクレオチドは，五炭糖を含む。
　　（4）　DNAからmRNA（伝令RNA）が合成される過程を，転写とよぶ。
　　（5）　○

2021年35回

食品中の水に関する記述である。最も適当なのはどれか。1つ選べ。

(1) 純水の水分活性は，100である。

(2) 結合水は，食品成分と共有結合を形成している。

(3) 塩蔵では，結合水の量を減らすことで保存性を高める。

(4) 中間水分食品は，生鮮食品と比較して非酵素的褐変が抑制される。

(5) 水分活性が極めて低い場合には，脂質の酸化が促進される。

解答：5

正文(1) 純水の水分活性は，1である。

(2) 結合水は，食品成分と水素結合を形成している。

(3) 塩蔵では，自由水の量を減らすことで保存性を高める。

(4) 中間水分食品は，生鮮食品と比較して非酵素的褐変が促進される。

(5) ○ （解説：水分活性が0.3〜0.4付近で，脂質の酸化が最も抑制される。）

2019年33回

食品の水分に関する記述である。正しいのはどれか。1つ選べ。

(1) 水分活性は，食品の結合水が多くなると低下する。

(2) 微生物は，水分活性が低くなるほど増殖しやすい。

(3) 脂質は，水分活性が低くなるほど酸化反応を受けにくい。

(4) 水素結合は，水から氷になると消失する。

(5) 解凍時のドリップ量は，食品の緩慢凍結によって少なくなる。

解答：1

正文(1) ○

(2) 微生物は，水分活性が高くなるほど増殖しやすい。

(3) 脂質は，水分活性が0.3付近で最も酸化反応を受けにくい。

(4) 水素結合は，水から氷になっても消失しない。。

(5) 解凍時のドリップ量は，食品の緩慢凍結によって多くなる。

索　引

著者紹介

吉田　真美
よしだ　まさみ

聖徳大学人間栄養学部教授　医学博士
お茶の水女子大学大学院家政学研究科修士課程修了
協和発酵（株）東京研究所研究員，東京女子医科大学生化学教室助手・非常勤講師，聖徳大学助教授を経て現職
「健康を考えた調理科学実験」アイ・ケイコーポレーション（2005）
「スパイスなんでも小事典」講談社（2011）
「食材と調理の科学」アイ・ケイコーポレーション（2012）ほか

齋藤　昌義
さいとう　まさよし

聖徳大学人間栄養学部教授　博士（農学）
東京大学大学院農学系研究科修士課程修了
農林水産省食品総合研究所，ブリティッシュ・コロンビア大学客員研究員
農林水産省農林水産技術会議事務局，国立研究開発法人国際農林水産業研究センターを経て現職
「農学入門」養賢堂（2013）ほか

管理栄養士の基礎化学

初版発行	2013年3月25日	4 版発行	2020年3月25日
2 版発行	2015年3月25日	5 版発行	2023年3月25日
3 版発行	2017年3月25日		

著　者© 　吉田　真美
　　　　　齋藤　昌義

発行者　　森田　富子
発行所　　**株式会社 アイ・ケイ コーポレーション**

〒124-0025　東京都葛飾区西新小岩 4 -37-16
メゾンドール I&K 202
TEL 03-5654-3723（編集）／3722（営業）
FAX 03-5654-3720 番

表紙デザイン　㈱エナグ　渡部晶子
組版　㈲ぷりんてぃあ第二／印刷所　モリモト印刷㈱

ISBN978-4-87492-390-0 C3043

元素の周期表

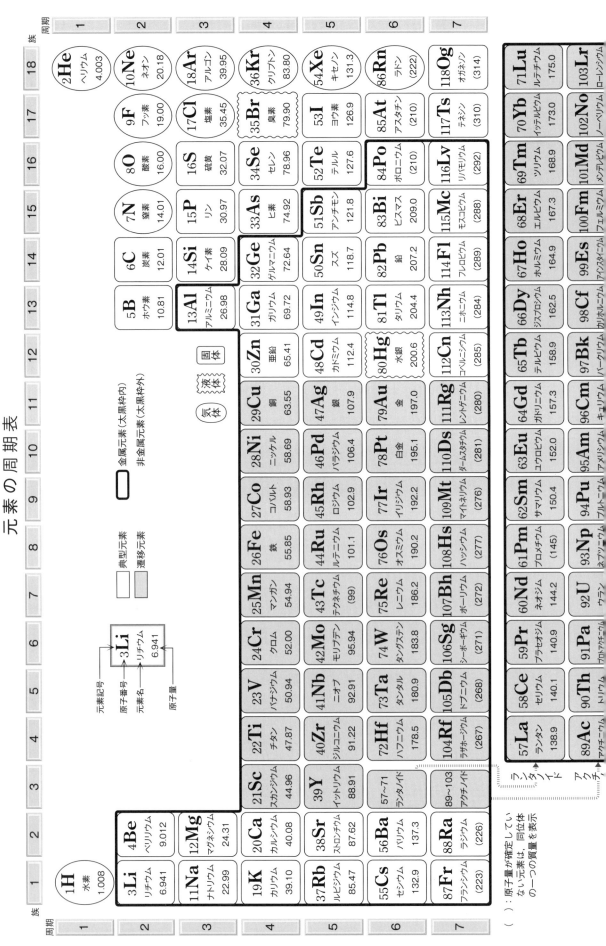